中公

渡邉義浩著

孫　子——「兵法の真髄」を読む

中央公論新社刊

はじめに

「武」という文字は、「戈」を「止」めると書く。「戈」（ほこ）は、中国の春秋・戦国時代（前七七〇～前二二一年）における主力の武器であるから、それを「止」めては、戦争にならない。このため、たとえば諸橋轍次の『大漢和辞典』は、干戈（武器）の力により、兵乱を未発に止める、というのが「武」の本義である、と説明する。その根拠は、後漢（二五～二二〇年）の許慎（五八？～一四七年？）が著した最初の漢字字典である『説文解字』、さらには『説文解字』が引用する『春秋左氏伝』宣公伝十二年における楚の荘王（？～前五九一年）の「戈を止めることで武という文字は表現される」という言葉に求められる。荘王は、さらに言葉を続けて、その論拠を『詩経』に求めていくので、「武」は「戈」を「止」めることであるという思想は儒教を起源とする、と考えられることも多い。

たしかに、儒教と無関係な殷（前一七世紀ごろ～前一一世紀ごろ）の甲骨文字や周（前一一世紀ごろ～前二五六年）の金文の「武」については、「止」を「趾」あるいは「歩」の略形と見て、武器を持って足で進み殺傷すること、と自然な解釈がされている。

春秋・戦国時代に現れた思想家たちである諸子百家の中には、「兼愛」の思想に基づき「非攻」を主張し、攻撃を否定することで「武」と向きあった墨家もいる。一方で、「武」を行使する戦争の方法を研究した者たちは、兵家と呼ばれる。日本において兵家が著した兵法書として最も有名なものは、『孫子』である。『孫子』は、戦争について、次のように主張している。

書き下し文

百戦して百勝するは、善の善なる者に非ざるなり。戦はずして人の兵を屈するは、善の善なる者なり。

現代語訳

百戦して百勝することは、最善ではない。戦わずに敵の軍を屈服させるのが、最善である。

『孫子』謀攻篇第三

『孫子』は、なぜ戦わないことを最善とするのであろうか。また、「武」とは、「戈」を「止」

めることなのであろうか。そうした結論に基づいて、『孫子』はどのように戦争を捉えていくのであろうか。それらの問題については、本書の中で明らかにしていくことにしよう。

『孫子』を読むのは、困難が多い。多くの中国古典と同様、『孫子』の成立事情が明らかではないためである。しかも、孫子（孫先生、子は先生の意味）とは誰か、という問題もある。前漢（前二〇二～八年）の司馬遷（前一四五？～前八七年？）が著した『史記』は、春秋時代の呉で活躍した孫武（前六世紀ごろ）、戦国時代の斉で活躍した孫臏（前四世紀ごろ）という二人の「孫子」の伝記を収めている。また、後漢の班固（三二～九二年）が著した『漢書』藝文志という図書目録は、『呉孫子兵法』八十二篇・図九巻、『斉孫子』八十九篇・図四巻という二種の『孫子』の存在を伝える。

歴代の『孫子』研究では、現行の『孫子』は、孫武ではなく孫臏のものであるとされ、孫武の不在も主張された。孫武の不在は、一九七二年に、山東省臨沂県銀雀山漢墓群から出土した「銀雀山漢墓竹簡」（「銀雀山漢簡」と略称）によって否定された。だが、「銀雀山漢簡」により、『孫子』の著者とテキストの問題が、すべて解決したわけではない。

現在読まれている『孫子』は、三国時代（二二〇～二六五年）の曹魏の基礎を築いた曹操（一五五～二二〇年）が定めた魏武注『孫子』（曹操は子の曹丕から魏の建国の後に武帝という追謚を受けたので、魏武と呼ばれる」に基づく。魏武注の後に『孫子』につけられた注は、やがて十家注『孫子』にまとめられ、様々な解釈が今日に伝わる。それでも、『孫子』は、読みにくい。中国思想の主流は、あくまでも「文」を尊重する儒教であり、『孫子』は儒教経典に比べて、本文を整理する校勘や解釈の研究が十分ではないことによる。今なお魏武注が、『孫子』の解釈の中で最も尊重される理由は、曹操が実際に数多くの戦いに基づいて注釈をつけたことに起因するが、一方では「武」が軽視されてきた中国文化の伝統により、曹操以上の解釈が生まれなかったことにもよる。

これに対して、「武」人が政権を担当した江戸時代の日本では、『孫子』はよく読まれた。新井白石・山鹿素行・吉田松陰など、錚々たる学者や教育者が『孫子』を研究した。江戸時代以降の日本において、軍事だけではなく、ビジネスや人間関係においても、『孫子』の考えが応用されてきた一因である。

本書で述べるように、『孫子』の文章には固有名詞が少なく、具体的でないがゆえに応用の余地があること、あるいは、『老子』に近い哲学を持つ『孫子』の内容の豊かさは、『孫子』が古典として読み継がれてきた本質的な理由である。『孫子』は、単に敵に勝利を収めるための方法を示すだけではない。戦いという、人間が追い込まれるうちでも究極的な状況の中で、自らが生き残る道を真剣に模索した哲学が、『孫子』の中には含まれる。

本書は、『孫子』の成立に関する研究の現状と曹操による本文の整理・注釈の特徴を概観したうえで〔第一～第二章〕、『孫子』が戦いをどのように捉えているのかという総論を述べる〔第三章〕。そののち、『孫子』の特徴を合理性と先進性、実践性と普遍性に分けて、追究していく〔第四～第七章〕。そして、『孫子』を今日に生かすヒントを曹操の『孫子』の用い方から示してみたい。

目次

地図作成◎もりそん

孫子——「兵法の真髄」を読む

第一章　二人の孫子と二冊の『孫子』——孫武と孫臏

1　春秋の孫武

春秋の五覇

孫武が『孫子』の原型を著していたころ、中国は大きな変革期の最中にあった。邑制国家〔邑と呼ばれる都市国家〕の連合体であった殷、そして周が弱体化し、東周の王のもと、諸侯たちが自立していく春秋・戦国時代を迎えていたのである（図1-1）。

春秋・戦国時代は、殷・周の氏族制社会〔血縁を最も尊重する社会〕の枠組みを打ち破り、邑制国家から領域国家〔秦漢帝国のように、都市だけではなく、周辺一帯を支配する国家〕へと変貌していく、中国史上最初の過渡期である。春秋時代の初期には、なお二百数十の邑制国

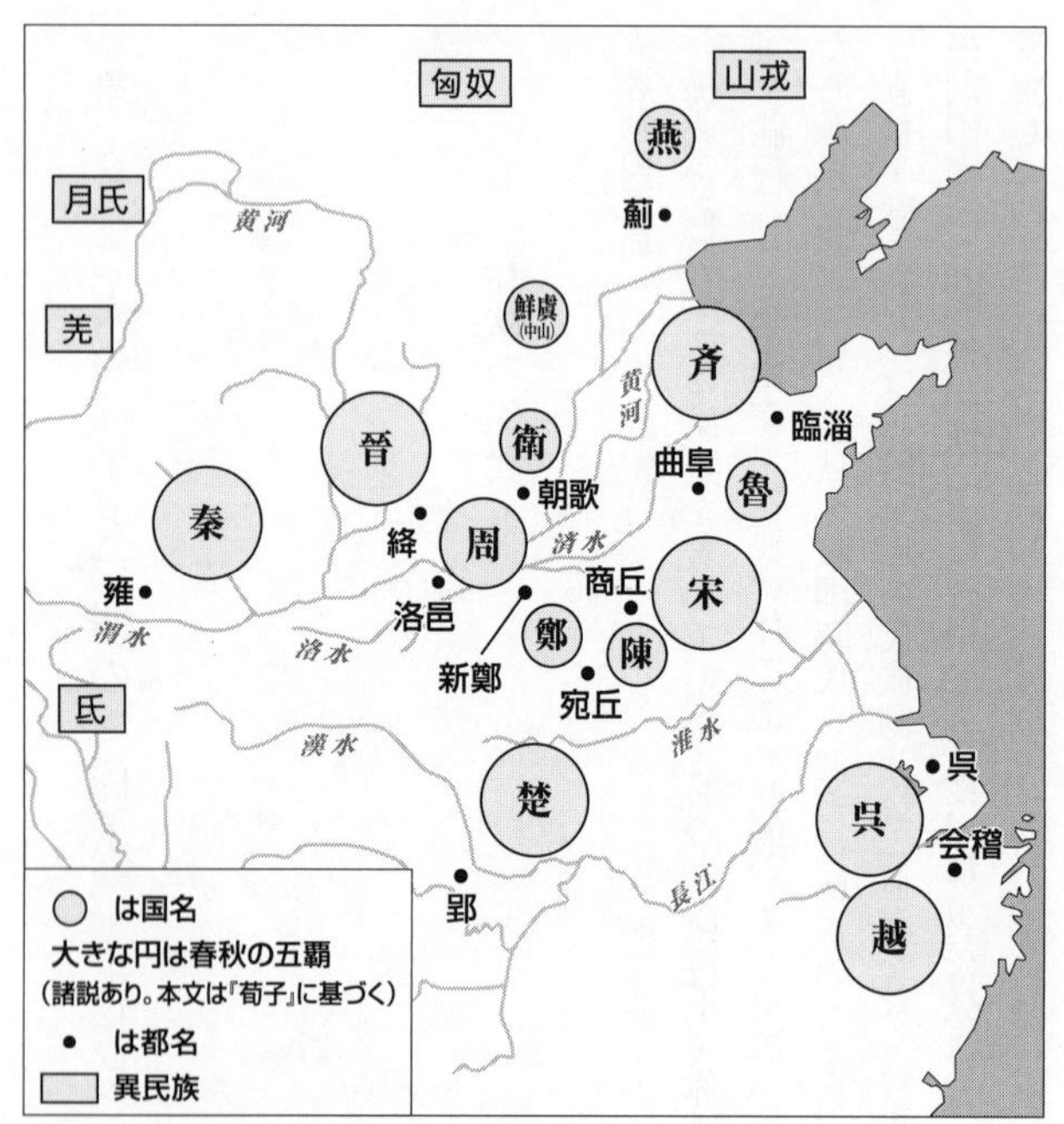

図 1-1　春秋時代の勢力図（渡邉義浩『春秋戦国』歴史新書、所収地図をもとに作成）

家が存在したが、これらの間で戦いが繰り返され、滅亡していく国も多かった。そうした中、斉の桓公、晋の文公、楚の荘王などの覇者は、「尊王攘夷」を名目として掲げ、諸侯を会盟して束ね、周王に代わって政治の実権を握った。

　また、この時代は、夷狄〔非漢民族〕による中国での建国、および夷狄の「華化」〔中華文化を受け入れ、漢族になっていくこと〕が進行した。秦の基礎を築いた穆公は、「西戎の覇者」と称され、夷狄との関わりを持っていた。そうした新興国であるため、秦は氏族制が弱体で、血縁で繋がる一族から王が制約を受けにくく、秦王政〔始皇帝〕のとき最終的に中国を統一する。逆に楚のように氏族制が強いと、王の伯父や弟など血縁で結びついた氏族の力を排除しきれず、王個人の権力は伸長しにくい。

春秋時代に現れた覇者は、「春秋の五覇」と総称されるが、誰を五覇と数えるかは、資料によって異なる。最初の覇者である斉の桓公（?～前六四三年）、続く晉の文公（?～前六二八年）を覇者とすることに異論はない。残りの三人について、たとえば『荀子』は、楚の荘王（?～前五九一年）、呉王の闔廬（?～前四九六年）、越王の勾践（?～前四六五年）を挙げる。夷狄、具体的には南蛮出身の楚は、自ら王と称するように、周王の権威を認めて「尊王攘夷」を掲げることはなかった。楚の後に覇権を握る呉王の闔廬、その子の夫差（?～前四七三年）、さらには越王の勾践は、当たり前のように王を称する。世は「富国強兵」を掲げ、「下克上」を繰り返す戦国時代へと移行していく。

孫武の練兵

『史記』孫子・呉起列伝によれば、孫武は呉王の闔廬に謁見したという。「春秋の五覇」に数えられる呉王夫差の父である。後漢の趙曄が著した『呉越春秋』には、謁見までの経緯も記されるが、伝説的で信頼できない。司馬遷が記すのは、「君の著書十三篇は、読んだので、実際に練兵（れんぺい）を見せて欲しい」という闔廬の要望に対して、宮中の女官百八十人を使って、孫武が行った次のような練兵だけである。

孫武は、女官たちを二隊に分けると、王の寵姫（ちょうき）二人をそれぞれの隊長とした。孫武は、①「前の合図があれば自分の胸を見よ。左の合図では左手、右の合図では右手、後の合図では背中を見よ」と命令し、約束を何度も確認したのち、右の合図の②太鼓を打った。女官たちは大笑いをする。孫武は③「合図が明らかでなく、命令が徹底しないのは、将の責任である」と言うと、再三合図と命令を確認したのちに、左の合図をする。女官たちはまたも大笑い。孫武は、「合図が明らかでなく、命令が徹底しないのは、将の責任である。再三確認したのに、④兵が命令を聞かないのは、役人と兵士の責任である」として、寵姫を斬ろうとした。助命を請う王に孫武は、「将軍に任命された以上、⑤たとえ主君の命令でも、受けかねることがあります」と述べ、二人の寵姫を斬り、次の者を隊長に選んだ。それから太鼓を打つと、女官たちは定規で測ったように、左右前後に動き、声をたてる者もいない。孫武は王に、「訓練が完了しました。兵たちは、たとえ火の中、水の中、王の御命令のまま、どこへでも行くでありましょう」と報告した。

『史記』孫子列伝　抄訳

孫武は、女官に①前後左右に動かす命令を教えた後に、②太鼓〔軍鼓〕を合図に動かそうとしたが、命令は聞かれなかった。そこで、③命令が徹底しないことは将〔練兵をしている孫武自身〕の責任である、として、合図と命令を確認し、それを徹底した。そののち、再び命令を下したが、女官たちは大笑いをして命令を聞かない。すると孫武は、④再三確認したのに兵が命令を聞かないのは、隊長の責任であるとして、隊長に任命した王の寵姫を斬ろうとする。王は言葉を尽くして助命したが、孫武は、『孫子』九変篇に同文が記されている⑤軍における将軍の専断権を主張したのち、寵姫を斬った。その結果、女官たちは孫武の命令にすべて従い、練兵は完了する。闔廬は、孫武が用兵に堪能なことを知り、彼を将軍とした。呉は、西の強国である楚を破って都の郢に入り、また北の斉や晋を威嚇して、諸侯の間に名声を得たが、それには孫武の力が大きかった。

『史記』に載せる孫武の伝記は、以上である。たしかに、呉王の闔廬は、前五〇六年の柏挙の戦いで楚を破り、郢を陥落させたが、それを記す『春秋左氏伝』には、孫武の名はない。このため、南宋（一一二七〜一二七九年）の葉適（一一五〇〜一二二三年）は、孫武の事績が『史記』以外の古文献にほぼ記載されないことから、孫武の呉での重用を作り話であるとし

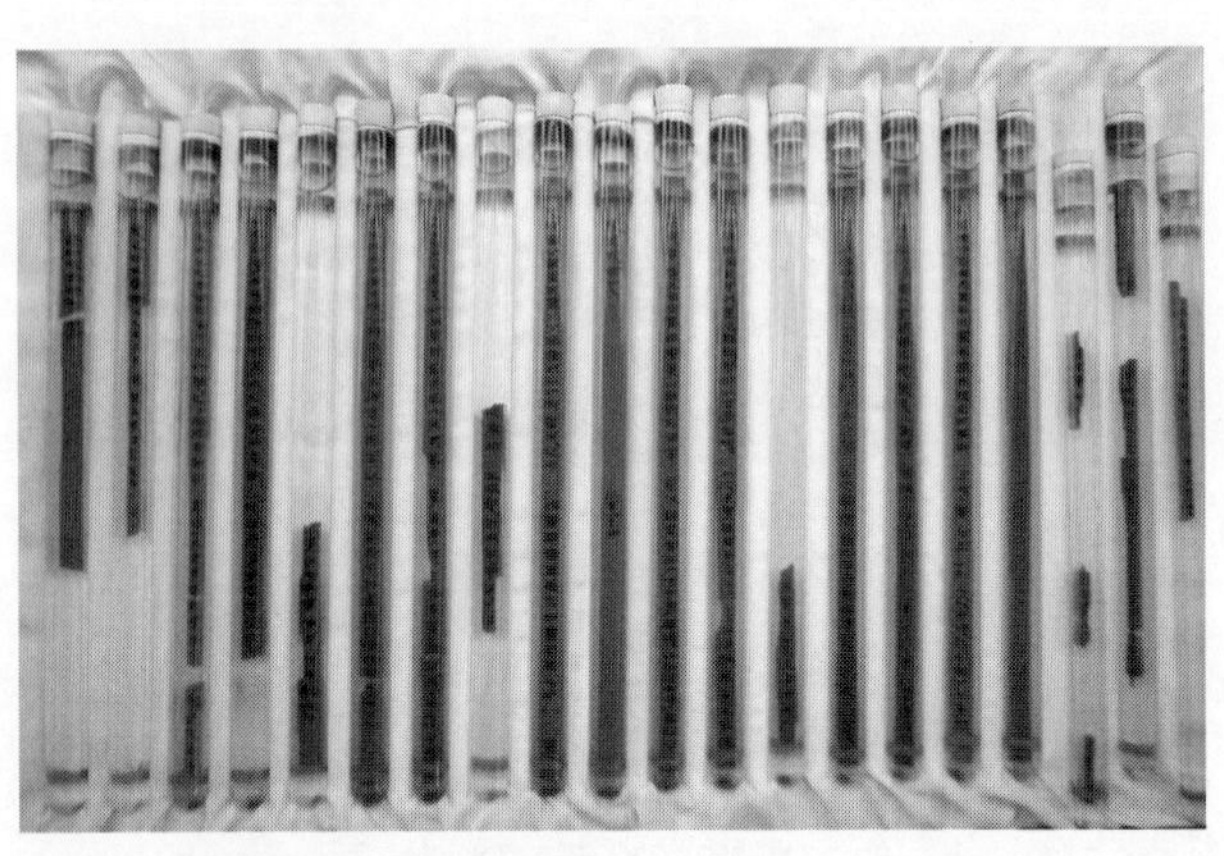

図 1-2　銀雀山漢簡（写真：アフロ）

た（『習学記言』巻四十六）。

　また、江戸の斎藤拙堂（一七九七～一八六五年）は、第一に『春秋左氏伝』に孫武が記載されず、第二に孫武の出仕以前には弱体であった越が『孫子』虚実篇で兵が多いとされ、第三に呉と越の本格的な戦いは孫武が楚を攻めた後なのに『孫子』九地篇で呉と越が憎みあうとされ、第四に前五一五年に活躍したばかりの専諸が、二百年前の曹劌と『孫子』九地篇で並べて例示されることから、孫武の事績は司馬遷の伝承の誤りであり、戦国時代に斉で活躍した子孫の孫臏と孫武とは同一人物であった、と主張した（『拙堂文集』巻四 孫子弁）。孫武の実在は、疑われていたのである。

　しかし、一九七二年、山東省臨沂県銀雀山漢墓群から「銀雀山漢簡」が出土することで、曹操が注をつけた『孫子』は、孫臏のものではなく、孫武のそれを主とするとされた（図1-2）。「銀雀山漢簡」には、現行『孫子』に対応する竹簡のほか、現行本にはない「孫子曰く」から始まる多数の竹簡があり、それに孫武ではなく、孫臏と斉の威王らとの対話が含まれていた。現行本にない「孫子曰く」を含むこれらの竹簡群が『孫臏兵法』とされたのである。孫臏の兵法書が別に存在することで、曹操が注をつけた現行本は、孫武の著作とされたのである。さらに「銀雀山漢簡」には、孫武に関する新しい資料も含まれていた。『史記』に記されている孫武の練兵の模様を『史記』よりも詳しく描く「呉王に見ゆ」もその一つである。

呉王に見ゆ

『史記』に記された孫武の練兵の中で、理解の難しい部分は、③と④の違いである。共に女官が命令を聞かなかったにも拘らず、③では孫武の責任とされ、孫武が命令を繰り返した後、④では役人と兵士（原文では「吏士」）の責任とされ、隊長の責任とは明記されていないのに、隊長である寵姫が斬られることである。「呉王に見ゆ」は、この問題を解決する。

「銀雀山漢簡」の報告書で「呉王に見ゆ」と仮題をつけられ、『孫子』の逸篇と位置づけされた竹簡群は、『史記』の「孫武の練兵」とほぼ同じ内容を持っている。「銀雀山漢簡」と『史記』の執筆年代を比べると、『史記』が「呉王に見ゆ」に基づいて、「孫武の練兵」を記したことは明らかである。そして、「呉王に見ゆ」には、司馬遷が採用しなかった次のような文章が含まれている。

兵法には、「命令せず（命令を）聞かせることができないのは、君主と将軍の罪である。すでに命令を下し（命令を）すでに重ねれば、隊長の罪である」[(1)]とある。……兵法には、「善いことを褒めるには賤しい者から始め、（悪いことを）罰するには（貴い者から始める）」[(2)]とある。

「銀雀山漢簡」

この二つの引用文があれば、孫武の命令に笑い転げた女官ではなく、隊長となっていた王の寵姫が斬殺された理由も分かる。③はまだ重ねて命令をしていなかったので、将軍である孫武の罪である。だが、④は(1)すでに重ねて命令したので、隊長の罪である。もちろん、兵士となっていた女官にも罪はあるが、(2)罰する場合には、貴い者から始めるので、隊長が斬られるのである。

司馬遷はこれを読んで、自分では理解したのであろう。それでも、「孫武の練兵」に、この二つの文章を含めなかったのは、兵家の祖とする孫武が「兵法には……」と他の書籍を引用することを嫌ったためであろう。以上により、司馬遷が、孫武と孫臏を取り違えたのではないことは、明らかとなった。孫武と孫臏とは別人である。

2　呉子と儒家

戦国時代

次に、孫武と孫臏の間に活躍した、同じく兵家に分類される呉起（呉子）を取り上げよう。それにより、二人の孫子の違いが、より明らかになるためである。

春秋末期から戦国時代にかけての氏族制社会の解体を進めた経済的要因は、牛犂耕（ぎゅうりこう）に基づく生産力の発展と、それを基礎とした貨幣経済の普及にあった。牛を使って畑を耕す牛耕農法の普及は、鉄製農具と一体の牛犂耕という形を取った。鉄製の三角形の刃先を持つ犂（すき）を一～二頭の牛に引かせて深く耕す牛犂耕は、生産力の大きな向上をもたらした。許行（きょこう）に代表される農家（のうか）の農本主義は、こうした生産力の発展を背景とする。

また、戦国時代には、各国で青銅製の貨幣がつくられ、積極的な経済政策が推進された。こうした経済力の進展を国全体ではなく、君主権力に集中することにより、君主を氏族制の軛（くびき）から脱却させて、一元的に軍事力を掌握することが、戦国時代の富国強兵の要（かなめ）であった。

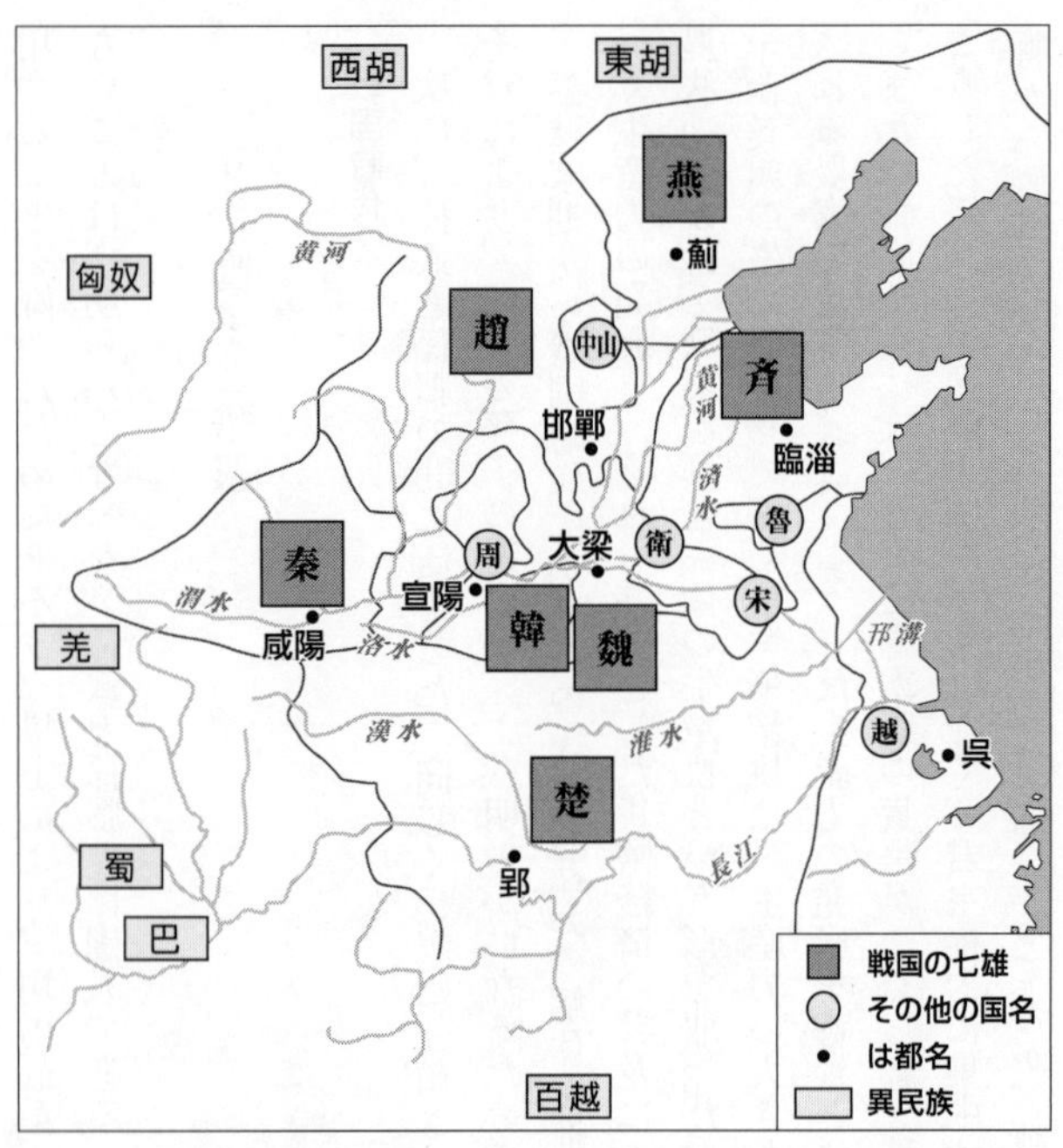

図1-3　戦国時代の勢力図（渡邉義浩『春秋戦国』歴史新書、所収地図をもとに作成）

最も後進的であった秦は、商鞅（しょうおう）の変法〔政治改革〕により、さほど強くなかった氏族制を解体し、君主に権力を集めて、戦国の七雄を統一する（図1-3）。

春秋時代、中原（ちゅうげん）〔洛陽を中心とする中国の中心地〕で大きな勢力を誇っていた晉では、有力氏族の間の抗争が激化していた。氏族制の弛緩は支配者層から始まり、それが諸侯に対する卿（けい）や大夫（たいふ）という世襲的家臣たちの下克上となって現れたのである。このため晋では、邯鄲を拠点とする范氏と中行氏、晋都の絳を拠点とする趙氏・智氏・韓氏・魏氏という「六卿」が対立していく。前四九七年、智躒（智文子）は、魏氏・韓氏・趙氏と結び中行氏を滅ぼし、やがて范氏も滅ぼして両氏の所領を分割した。時あたかも、「春秋の五覇」に数えられる越王の勾践が、孫武が仕えた呉王の闔廬を檇李の戦いで死に追いやった前四九六年の前年に当たる。

すなわち、「臥薪嘗胆」で知られる呉越の争いが春秋の掉尾を飾っていたころ、中原では戦国時代への移行が準備されていた。ちなみに、呉王の夫差が勾践に敗れて自殺した前四七三年の少し前、前四七九年に孔子は没している。

魏の文侯

晋では智瑶を筆頭とする四卿が権力を握り、君主の出公を敗死させる。智瑶は、自ら君主になろうとしたが、前四五三年、趙無恤（趙襄子）・魏駒（魏桓子）・韓虎（韓康子）に晋陽の戦いで敗れた。晋は最終的に趙氏・魏氏・韓氏によって分割された。前四〇三年、周の威烈王はこの下克上を承認して、趙籍（烈侯）・魏斯（文侯）・韓虔（景侯）を正式な諸侯とした。北宋（九六〇～一一二七年）で『春秋』を書き継ぎ『資治通鑑』を著した司馬光は、周王が三氏を承認し権威を失墜したことを重視して、前四〇三年を春秋と戦国の分岐点とする。ここから下克上と富国強兵を特徴とする戦国時代が始まったのである。

晉から独立した趙・魏・韓は、「三晉」と総称されたが、その中で覇権を握ったものは、魏の文侯〔魏斯。魏都ともいう。魏駒の孫〕であった。文侯に仕え、成文法を制定して富国強兵を成し遂げた李克（李悝）は、兵法家の呉起の登用を勧め、また将軍の楽羊〔楽毅の祖先〕は中山国を滅ぼした。さらに鄴令〔鄴という城塞都市の行政官〕となった西門豹は、河伯〔黄河の神〕の祭祀を利用して私腹を肥やす氏族制社会の有力者を打倒し、民を直接支配しながら、治水灌漑を行い、農業生産力を飛躍的に高めた。魏の文侯は、こうした臣下に支えられることで、斉や楚の侵攻を退けた。こうして、晉の文公（重耳）以来、久方ぶりに「晉」〔正確にいえば、「三晉」の一つの魏〕の覇権が、復活したのである。

呉起の生涯

魏の文侯のもとで西河の郡守として秦を撃ち、のち楚の悼王のもとで中央集権的な政治改革を行った兵法家が、呉起（呉子）である（『史記』呉起伝）。呉起の著作とされる『呉子』は、不完全な形ながら今日まで伝わり、『孫子』と並んで「孫・呉」の兵法と称された。『韓非子』五蠹篇は、「孫・呉の書」は家々にある、とその普及を伝える。

魏の文侯は、孔子の弟子である子夏に師事した（『史記』魏世家）。呉起もまた、孔子の弟子である曽子の弟子であったと『史記』は伝える。『呉子』は、儒家との近接性が高い兵法書なのである。一方で、呉起はまた、法家の商鞅に近い、改革思想の実践者でもあった。

文侯の死後、呉起は、やがて楚の悼王に仕えて政権を掌握する。呉起は、法の遵守を徹底し、不要な官職を廃止して、これにより余剰ができた国費で兵を養い、富国強兵と王権の強化に努めた。しかし、秦の商鞅の変法のような、王族の力を削ぐ政策を行えなかった。そのため、悼王の死後、呉起は殺される。呉起の妻味は、悼王の死体に覆いかぶさり、遺体もろとも射抜かれて絶命したことにある。改革反対派は、悼王の遺体を射抜いた大逆の罪で、一族全員処刑された。呉起は、自らの命を賭けて、反改革派を滅ぼしたのである。しかし、後継の王たちは、これを生かせなかった。楚は、氏族制に支えられた封建的な王族が散在する分裂的な状況に戻り、やがて秦に圧倒される。

『呉子』と儒家

現存する『呉子』は六篇であるが、『漢書』藝文志には「呉起四十八篇」と記されている。当初より少なくなったが、現行本の『呉子』は、呉起の後学たちが、戦国初期に活躍した呉起の思想をほぼ忠実に伝えたものと考えてよい。その軍事思想の特質が、富国強兵、兵士選抜の思想にあり、これらは呉起の西河防衛や楚国改革と密接な関係を持つからである。

『孫子』は後述するように、戦争の本質を騙しあいと捉える。しかし、騙してばかりでは、戦意・士気の向上、国内世論の統一、諸外国の援助などを得ることは難しい。なぜ戦うのかという正統性を述べるところに、『呉子』の新しさはある。その際『呉子』は、その思想的な背景を儒家に求めた。これが『呉子』の第一の特徴である。現行本の『呉子』は、冒頭の図国篇で、呉起が儒服を着ていることから記述を始める。『呉子』は儒家を尊重する兵書なのである。そこで述べられる、明主〔賢名な君主〕たるものは文だけではなく、武を備えるべきとの主張は、儒家にも見られる。ただ、儒家は文・武のうち文を先に置くが、『呉子』は武を先に置く。兵家に分類される理由である。それでも、『呉子』への儒家の影響は色濃い。戦争における和の必要性について、『呉子』図国篇において、呉子は魏の文侯に次のように述べている。

> 昔の国家（の経営）を図った君主は、必ず先に人々を教化して、万民に親しみました。①四つの（あると良くない）不和のためです。国に不和があれば、軍を出せません。軍に不和があると、出陣できません。陣に不和があると、進んで戦えません。②戦いに不和があると、勝利を得られません。このため有道の君主は、民を用いようとすれば、先に（民を）和して大事をなします。（そして）個人が独断で決めた謀略を信ぜず、③必ず（戦

いを）先祖の宗廟に報告し、（戦いの可否について）大きな亀で神意を問い、天の時をあわせ考え、すべてが吉であってはじめて戦いを起こします。

『呉子』図国篇第一

このように『呉子』は、国家の経営だけではなく、戦いにおいても「和」を尊重すべきとし、「国」「軍」「陣」「戦」の①四つに「不和」があると勝てない、とする。『論語』学而篇に、「礼は之れ和を用て貴しと為す」とあるように、儒教において「和」は尊重され、『呉子』がこれを重視することは、儒家との近接性を示す。しかも、②不和であると戦いに勝利できないという論理の帰結には、『孟子』との関係が想定される。

『孟子』公孫丑章句下は、戦いにおいて「天の時は地の利に如かず、地の利は人の和に如かず」と述べ、人の和が最も重要であるとし、具体的な事例を示しながら、それを論証する。そして、君子は人の和を得ているので戦わないが、戦えば必ず勝つ、と結論を述べている。『呉子』の思想は、この『孟子』の主張に近い。

また、戦いを③先祖の宗廟に告げる際、「亀」で占って吉凶を判断することは、戦いにおいて占いを尊重する「兵陰陽」に通ずる思想であると共に、祖先祭祀を重要視する儒家に近い。このように『呉子』には、儒家の思想と近接性を持つ主張が見られるのである。

新たな戦法・兵器と『孫子』の継承

『呉子』の第二の特徴は、『孫子』に比べて新しい戦法・兵器が記載されることである。『呉子』料敵篇で、呉起は魏の武侯に次のように魏国の軍隊の特徴を説明している。

> 一軍の中には、必ず「虎賁の士」〔虎のように強い勇士〕がおります。その力は鼎を楽々と挙げ、その足は軍馬より早く、〔敵軍の〕旗を取り将軍を斬ることが必ずできるものがおります。このような者たちは、選抜して別に扱い、とくに目をかけて大切にします。これを「軍命」〔軍の司命。軍の生死を左右する者〕と言います。
>
> 『呉子』料敵篇第二

『呉子』は、一軍の兵をおしなべて平等に扱うことをせず、強い武力を持つ者を選りすぐって「虎賁の士」と名づけ、優遇することが重要であるという。切り札となる精鋭部隊を特別に編制することは、『孫子』地形篇に「選鋒」という言葉で表現されているが、これほど具体的には規定されていない。新しい戦法を明確化しているといえよう。

また、『呉子』では、円陣・方陣といった異なる陣形に変化していくことを習得させ、その後ようやく兵を授けて将軍とすることも説いている（『呉子』治兵篇）。地形や相手に応じた陣形の研究の進展した結果が、『呉子』の記述に反映していると考えてよい。

さらに、『呉子』には、「舟」は櫓や楫を速く軽く動かすように定めた記述や（『呉子』論将篇）、「強弩」（弩はボーガン、石弓）により守られている土塁を攻撃する方法を論ずる記述もある（『呉子』応変篇）。『孫子』には記述されない「舟」での戦い方や「強弩」への対応の仕方といった、新たな戦法や武器に対する記述が、『呉子』には見られるのである。

『呉子』の第三の特徴は、『孫子』の継承にある。『孫子』を踏まえたうえで、『呉子』は自らの議論を展開していく。魏の武侯が敵を攻撃して必ず勝てる場合を尋ねたことに対して、呉起は、『孫子』虚実篇の述べることを具体的な事例を逐一挙げて説明する。

> 戦争をするには、①必ず敵の虚実を詳細に分析して敵の弱点を衝かなければなりません。②敵が遠征して来たばかりで、隊列も定まっていないものは撃てます。③食事が終わってまだ配備に着いていないものは撃てます。④走りまわっているものは撃てます。⑤励んで疲労しているものは撃てます。⑥地の利を得ていないものは撃てます。⑦時期を逃して従わないものは撃てます。⑧旌差しものが乱れ動いているものは撃てます。⑨長距離を行軍して、遅れた部隊が休息していないものは撃てます。⑩川を渉って半分渡ったものは撃てます。⑪険

しい道や狭い路にいるものは撃てます。⑫陣がしばしば移動するものは撃てます。⑬将（の心）が士卒から離れているものは撃てます。⑭（兵士の）心が怯えているものは撃てます。およそこのような場合には、精鋭を選んで敵を衝き、兵を分けて攻撃を続けます。急いで撃ち、疑ってはなりません。

『呉子』料敵篇第二

このように『呉子』は、最初に、戦争をするには①敵の「虚実」を詳細に分析して敵の弱いところを攻めなければならない、という原則を示す。これは、『孫子』虚実篇に、「軍の形は、実を避けて虚を攻撃する」とあり、「其の趨かざる所に出で、其の意はざる所に趨く」とあることを踏まえている。これについては、『孫子』虚実篇においても、後から戦地に着く、敵を至らせる、敵が守っていないところを攻めるなどの事例を挙げてはいるが、いま一つ具体的ではない。これに対して、『呉子』は②〜⑭の十三事例を挙げて、きわめて具体的に「実を避けて虚を攻撃する」という『孫子』の原則について、どのような場合に軍隊が虚であるのかを明確に具体化している。『呉子』が『孫子』を継承しながら、自らの兵法を構築し、それを具体的に展開していこうとしていることは明らかである。

『呉子』は、黄老思想（老子と黄帝（伝説的な中国最初の帝王）とを尊重し、道家と法家を折衷する特徴を持つ、前漢初期に尊重された思想）を背景とする『孫子』とは異なり、軍事思想の展開において、『孟子』を中心とした儒家による正統化を試みた。その一方で、『孫子』を継承して、その兵法を具体的に展開し、さらに新たな戦術や兵器にも対応したものであった。「孫・呉の書」と並称されたように、『呉子』が、『孫子』を補う役割を持っていたことを現行本の『呉子』からも理解できるのである。

それでは、呉起のやや後に活躍した孫臏の兵法は、どのような特徴を持つのであろうか。

3　銀雀山漢簡

『呉孫子兵法』と『斉孫子』

伝世した『孫子』十三篇と『史記』の記述だけでは、春秋時代の呉で活躍した孫武と戦国時代の斉で活躍した孫臏という二人の孫子と、現存の『孫子』十三篇との関係は、なかなか分からなかった。混乱の原因は、『漢書』藝文志とそれに注をつけた唐（六一八～九〇七年）の顔師古にもある。「呉孫子兵法八十二篇・図九巻」「斉孫子八十九篇・図四巻」という『漢書』藝文志の本文に対して、顔師古は前者に「孫武（の著作）である、闔廬の臣下である」、後者に「孫臏（の著作）である」と注をつけた。このため、『漢書』藝文志は、孫武の『呉

図1-4　山東省臨沂市（発掘当時は臨沂県）の銀雀山漢墓（筆者撮影）

孫子兵法』と孫臏の『斉孫子』とが存在した記録として読まれてきた。

　しかし、『呉孫子兵法』の八十二篇〔巻ごとに一篇〕は、現行の『孫子』十三篇と篇数が合わない。何よりも現存する『孫子』が十三篇ひとつだけなので、孫臏の『斉孫子』の行方が分からない。そして、孫武の歴史状況に相応しくない記述が十三篇に含まれることから、現行の十三篇は、孫臏の著作であるという説が有力だったのである。

　こうした状況を一変させたのが、先にも述べた一九七二年に出土した「銀雀山漢簡」である。出土遺物の分析より前漢の前一四〇～前一一八年ごろと推定される銀雀山漢墓（図1-4）の一号墓から、『孫子』『尉繚子』『六韜』『晏子春秋』『管子』など、兵書を中心とした竹簡が発見されたのである。

　現行の『孫子』十三篇に対応する竹簡は、一五三枚、約二七〇〇字で、現行の『孫子』の約四割に当たる。そのほか、現行の『孫子』にはない、「孫子曰」から始まる多数の竹簡があり、その内容に孫臏と斉の威王や田忌（陳忌）との対話が含まれていた。そのため、銀雀山漢墓竹簡整理小組（解読チーム）は、『銀雀山漢墓竹簡（壱）』（文物出版社、一九七五年）において、『孫子』十三篇とは別に、三十篇からなる『孫臏兵法』を編纂した。『銀雀山漢墓竹簡（壱）』は、「銀雀山漢簡」には、孫武（著）『孫子』十三篇（＝『呉孫子兵法』）、孫臏（著）『孫臏兵法』（＝『斉孫子』）という、二組の『孫子』が含まれている、と考えたのである。

その後に出版された『銀雀山漢墓竹簡（壱）』（文物出版社、一九八五年）では、二組の『孫子』という考え方はそのままであったが、『孫臏兵法』の内容が変更された。「孫子曰」から始まらない篇を外したことで、三十篇とされていた『孫臏兵法』は十六篇に縮小され、十六篇の中でも、「擒龐涓」「見威王（仮題。この篇は篇題簡（タイトルを記す簡）がない）」「威王問」「陳忌問塁」の四篇だけが、確実な『孫臏兵法』とされたのである。

共に『斉孫子』の一部

一九八五年版でも、孫武の『孫子』と『孫臏兵法』を『呉孫子兵法』と『斉孫子』と把握し続ける銀雀山漢墓竹簡整理小組に対して、金谷治『孫臏兵法』（東方書店、一九七六年）は、今の十三篇『孫子』と新しい『孫臏兵法』は、『呉孫子兵法』と『斉孫子』という関係ではなく、いずれも前漢末に八十九巻にまとめられた『斉孫子』の一部とみるべきであると指摘した。唐の顔師古注を否定するのである。平田昌司『孫子　解答のない兵法』（岩波書店、二〇〇九年）も、金谷説を継承し、『孫子』と『孫臏兵法』の両方を含む「銀雀山漢簡」は、『斉孫子』（斉系字体の写本）であり、それとは別に『呉孫子兵法』（南方系字体の写本）が漢に伝わっていた、と主張する。すでに、『呉孫子兵法』『斉孫子』が滅んでいた唐代に、それぞれを孫武・孫臏の著作と注をつけた顔師古の呪縛を断ち切り、「銀雀山漢簡」は『孫子』と『孫臏兵法』を含んだ『斉孫子』である、と考えるべきであろう。

それは、『孫子』と『孫臏兵法』の著者を孫武・孫臏に限定することも、「銀雀山漢簡」により否定できるためである。「銀雀山漢簡」の『孫子』用間篇には、「□衛師比在陘、燕之興也、蘇秦在斉」という、現行本にはない十四字が存在する。浅野裕一『孫子』（講談社学術文庫、一九九七年）は、蘇秦の活躍が前四世紀であるため、「銀雀山漢簡」の『孫子』本文は、前三〇〇年ごろに手が加えられている、とする。また、平田昌司は、用間篇は前三世紀に書かれて『孫子』十三篇の一つとなったが、後世の者が時代錯誤に気づいて十四字を削った、とこの事例を説明する。そして、呉・越に関する『孫子』の記述を検討して、『孫子』十三篇の成立時期を孫武の活躍した時期から二百年ほど後の前三世紀に下るとしたのである。そうであれば『孫子』は、孫武だけの著作ではない。それでは、孫臏の言説を伝えた者も含め、『孫子』と『孫臏兵法』は、どのように編纂されたのであろうか。

孫氏の道

『孫臏兵法』陳忌問塁篇には、断片的であるが、次のような文章が含まれている。

□これを呉越に明らかにし、これを斉に言う。「孫氏の道を知る者は、必ず天地にかなう。孫氏という者は……」と言った。

『孫臏兵法』陳忌問塁篇

このように『孫臏兵法』には、「孫氏の道」を知るものは、必ず天地の働きに合致する、と自らの学派を推奨する文がある。「孫氏の道」という言葉には、たとえば『呉子』よりも、明確に『孫子』を継承する者たちの自負が窺われる。それでは、「孫氏の道」を受け継ぐ者とは、孫臏その人であるのかといえば、そうではない。次節で述べるように、孫臏が龐涓を捕らえたことを記す擒龐涓篇は、「昔者」という言葉から始まる。孫臏の戦いを「昔者」として伝える孫臏の、そして孫武の後継者たち、それが「孫氏の道」を奉ずる者たちである。彼らこそが、「銀雀山漢簡」に含まれる『斉孫子』を学派の共有テキストとして伝承してきた者たちである。

図1-5　『孫子』の系譜

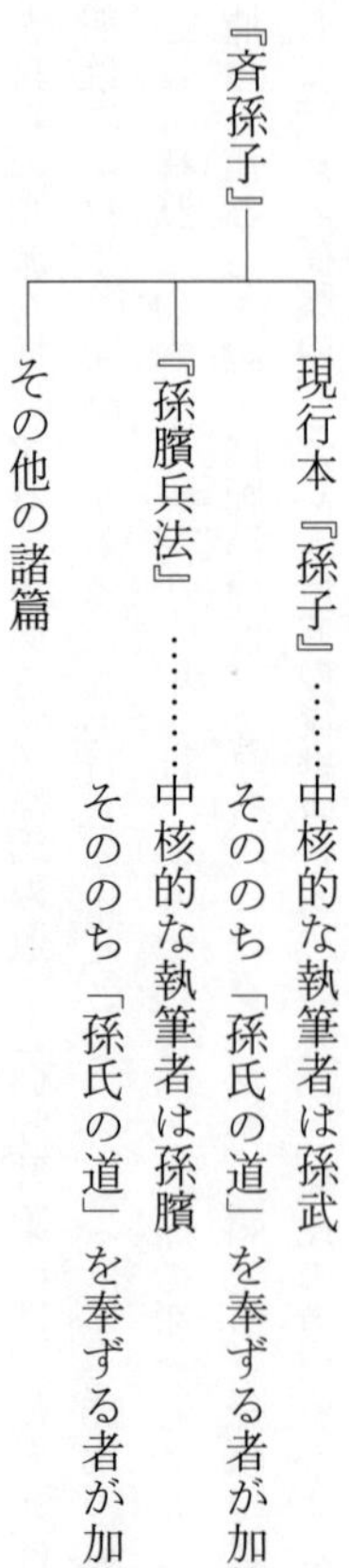

『斉孫子』
- 現行本『孫子』……中核的な執筆者は孫武
  そののち「孫氏の道」を奉ずる者が加筆・整理
- 『孫臏兵法』………中核的な執筆者は孫臏
  そののち「孫氏の道」を奉ずる者が加筆・整理
- その他の諸篇

「銀雀山漢簡」の出土により、『漢書』藝文志に著録されていた『斉孫子』は、現行『孫子』十三篇中の中核を占める孫武の著述に、「擒龐涓」「見威王（仮題）」「威王問」「陳忌問塁」篇などから成る孫臏の著述を加えた、孫氏一派の共有テキストの地域的異本であると考えられるようになった（図1-5）。それでは、当時の斉（せい）は、どのような国であったのだろうか。

斉の強大化と稷下の学

呉起の仕えた魏の文侯は、覇者となったが、諸侯の勢力均衡のもと権威を握る覇者の体制は、時代遅れとなっていた。強国による弱国の併合が進展していたのである。趙が衛（えい）を滅亡寸前に追い詰めると、魏は、趙の勢力拡大を嫌い、これに韓だけではなく斉も介入した。その結果、前三五三年、文侯の二代後となる魏の恵王は、趙の邯鄲を攻めていた背後を斉の孫臏に衝かれ、桂陵の戦いに敗北する。さらに、西では、秦が強大化して魏を圧迫しており、周王は秦を覇者と承認していた。こうした中、前三五一年、魏の恵王は「夏王」と称する。覇者ではなく王となり、周に代わる新たな権威を創出しようとしたのである。

魏の恵王は、『孟子』梁恵王章句上〔梁は、大梁（開封）に都を移した後の魏の別名〕に見える「五十歩百歩」の故事でも、有名な王である。『孟子』によれば、恵王は、「凶作の地にいる民を豊作の地に移住させるなど、常に民に気を配っているのに、なぜ民が集まらないのか」と孟子に尋ねている。孟子は、戦場で五十歩逃げた者が、百歩逃げた者を臆病者と嘲笑した故事を挙げ、民への小さな恩恵ではなく、孟子の理想とする王道政治を行うべきことを主張している。それでも、「恵」という諡に明らかなように、魏の恵王は民を保護して懸命に政治を行っていた。しかし、前三四一年、韓を攻めていた背後を再び斉の孫臏に衝かれ、馬陵の戦いで大敗した。魏の覇権は失われ、中原の諸国はみな王と称していく。

魏の覇権を二度にわたる戦いで撃破した者は、兵家の孫臏である。また、秦の急速な台頭は、法家の商鞅の変法を主因とする。こうした諸子百家の重要性に鑑み、魏を破り勢力を拡大した斉の威王は、「稷下の学」を設立する。斉都臨淄の西門の一つである稷門の近く〔稷下）に学者たちの邸宅を建て、多額の資金を支給して、学問・思想の研究・著述に当たらせたのである。

このため、威王（在位、前三五六～前三二〇年）、および続く宣王（在位、前三一九～前三〇一年）の治世を中心に、「稷下の学」には有力な諸子が参集した。奴隷から身を立てた淳于髡（前三八六～前三一〇年）を筆頭に、道家の田駢（生没年未詳）・接予（生没年未詳）・環淵（生没年未詳）、道家であり法家でもある慎到（前三九五？～前三一五年）、墨家であり道家でもある宋鈃（前三七〇？～前二九〇年？）・尹文（前三六〇？～前二八〇年？）、「白馬非馬」説で有名な名家〔論理学〕の兒説〔生没年未詳。公孫龍よりも先に「白馬非馬」を唱える〕などが集まった。なかでも、中国の宇宙論の基本を形成した陰陽家の鄒衍（騶衍、前三〇五～前二四〇年）、性悪説を説いた儒家の荀子（前三一三～前二三八年）、そして兵家の孫臏（前四世紀ごろ）は著名であった。

孟子（前三七二～前二八九年）もまた、斉を訪れている。ただし、鄒衍たちよりも年長な孟子は、「稷下の学士」と論争することを拒否し、宣王の師としての待遇を要求したという。孟子が嫌った、「稷下の学士」が日々行う論争のことを「百家争鳴」と呼ぶ。「百家争鳴」の中で、諸子は相互理解を深め、自らの学問を磨いた。そうした論争の中で、弁論術も尊重されていく。「稷下の学」の初代代表である淳于髡が、何度も他国に使節として派遣されているのはそのためである。したがって、孫臏の兵法にも諸家との関係が見られるのである。

4　孫臏の兵法

『孫子』の具体化

『史記』孫子伝は、四つの逸話により孫臏の伝記を描き出す。第一は魏の龐涓により孫臏が欺（あざむ）かれて足を切られる話、第二は斉の将軍である田忌（陳忌）に競馬での勝ち方を教える話、第三は魏を討つことで趙を救い、桂陵の戦いで龐涓を打ち破る話、第四は減竈（げんそう）の計により龐涓を馬陵の戦いで殺害する話である。一方、「銀雀山漢簡」の中で、確実に『孫臏兵法』とされるものは、「擒龐涓（きんぽうけん）」「見威王（けんいおう）（仮題）」「威王問（いおうもん）」「陳忌問塁（ちんきもんるい）」の四篇である。『史記』と比較しながら、擒龐涓篇の特徴を考えていこう。

擒龐涓篇は、『史記』に記される第三番目の話の原型と考えられる。田忌の軍師である孫臏は、衛を攻めている梁（魏）の龐涓から衛を救援するため、直接には衛に向かわない戦術を取る。具体的には、平陵（へいりょう）を攻め、さらに梁の都の郊外に向かった。そして、急いで戻ってきた龐涓を桂陵で打ち破り、孫臏が龐涓を捕虜にする、という話である。『史記』に比べると、衛を救うために孫臏が攻めた平陵の位置が明瞭ではないなど、物語としての完成度は高くない。

その一方で、擒龐涓篇は、『史記』に比べると、次に説明するように『孫子』の解説書としての性格を強く持つ。『史記』は、『孫子』を解説する必要はないので、分かりやすく物語を改変したのであろうか。あるいは、龐涓がこの戦いで捕虜になると、そののちの馬陵の戦いは成立しない。『史記』に記される第四の、そして孫臏の逸話で最も有名な減竈の計、および削った木の下で龐涓を射殺（いころ）す話が成立しなくなるため、異なる系統の物語を採用した可能性もある。いずれにせよ、『史記』の孫臏が魏を討つことで趙を救う話は、『孫子』とは無関係に語られる。

これに対して、擒龐涓篇は、『孫子』の原則を継承して、それを具体的な戦争の事例によって説明するために、孫子（孫臏）が次のように述べている。

孫子は（田忌に）言った、「どうか南に向かい平陵を攻めますように。①平陵は、城は小さいですが大きな県です。人は多く武装兵も盛んで、東陽（とうよう）の戦いの拠点で、攻め難（にく）いところです。②わたしは龐涓に疑を示そうと思います。わたしが③平陵を攻めれば、南には宋（そう）があり、北には衛があり、④（平陵を取りにいく）道には市丘（しきゅう）がありますので、わたしの糧道は絶たれます。わたしは龐涓に戦い方を知らないように見せたいのです」と。

『孫臏兵法』擒龐涓篇

ここでは、『孫子』兵勢篇で説かれている敵を動かす方法、すなわち⑴こちらの形の不備を見せ、敵に必ずこれに従わせる。⑵敵に利を与えて、⑶敵に必ずこれを取らせる。利により敵を動かし、本来の形により敵を待つ、という原則が踏まえられている。孫臏は、衛を攻めている梁の龐涓を動かすために、③衛の南にある①攻めにくい平陽を攻め、そのときに②「疑」を示す。すなわち、攻めてよいのか迷っていることを龐涓に見せる。⑴斉軍の不備を見せて、梁軍を誘ったのである。しかも、④平陽を取りにいく途中の市丘を奪われると、斉軍の糧道が絶たれるという利も梁の龐涓に用意している。⑵梁軍に利を与えるのである。

こののちの記述によれば、果たして龐涓は、衛から平陽へと軍を動かし、斉軍の二人の大夫の軍隊を大敗させる。孫臏は、わざと軽く負けて、利を⑶敵に取らせたのである。そのち、孫臏が梁の都の郊外に軍を進めると、龐涓は昼夜兼行で戻ってきた。それを孫臏は、桂陵の戦いで大破した、と擒龐涓篇は記述している。

このように『史記』での桂陵の戦いは、『孫子』とは無関係に叙述されるのに対して、『孫臏兵法』の桂陵の戦いは、孫臏がいかに『孫子』兵勢篇に記される、敵を動かすための原則を具体化し、それによって勝利を収めたのかを明確に記している。擒龐涓篇は、『孫子』の原則を具体的な戦術に落とし込み、戦いに勝利する手順を具体的に示したものといえよう。

『孫臏兵法』の見威王篇では、戦争を正統化する論理が展開される。ここでは、儒家の戦争論に対する反論を述べていく。孫臏は斉の威王に見(まみ)えて、戦いがなぜ必要とされるのかを次のように説得する。

戦争の正統化

孫子は威王に見えて言った、「そもそも戦争とは、一定の形勢を頼みとするものではありません。これは先王が広められた道理です。戦いに勝てば、①滅んだ国も存続させることができ、絶えた世系も引き継ぐことができます。戦いに勝たなければ、土地を削られて社稷(しゃしょく)(国家)が危うくなります。このために、戦争というものはよく熟慮しなければならないのです。そうであれば戦争を楽しむ者は滅び、勝利を貪る者は恥辱を受けます。戦争は楽しむものではありませんし、勝利は貪るものではありません。戦争の条件や準備が整った後に動くものです。さて城が小さくても守りが固いものは、物資の蓄えがあるからです。②兵が少なくても戦いに強いのは、義があるからです。そもそも天下には、守るのに物資がなく、戦うのに義がないのに、堅固で強いことなどはありません」と。

『孫臏兵法』見威王篇

孫臏は、斉の威王に対して、戦いに勝てば①滅んだ国も存続させることができ、絶えた世系も引き継がせることができる、と述べている。これは、『論語』尭曰篇に引かれる周の武王の言葉である「滅国を興し、絶世を継ぐ」と同義である。すなわち、周の武王が、聖人としての徳により行ったことと同等な行為を戦いに勝つことで実現できる、というのである。ここでは、聖人の行為と同じ結果をもたらし得るものとして、戦争が正統化されている。戦いを最も尊重する兵家の思想が、明確に打ち出されているといえよう。

そして、小さくても守りが固い城に物資の蓄えがあるように、②兵が少なくても戦いに強い軍には「義」がある、という。戦争と「義」については、『孟子』尽心章句下に、「春秋に義戦無し」という有名な言葉がある。『孟子』の「義戦」は、天子の命を奉じて不正を征する戦いのことである。しかし、孫臏の挙げる事例は、天子の命を奉じて戦っているわけではない。孫臏は、儒家の主張する「義」以外にも、戦いには「義」があり、それが兵の中に共有されていれば、少数であっても強いと主張している。儒家とは異なる形での、戦争目的を重視した正統化論であるといえよう。兵が「義」と捉えるような正統性が戦いにあれば、その軍隊は強いと主張しているのである。

このののち見威王篇は、農家が尊重する神農（じんのう）から儒家の尊重する周公（しゅうこう）まで、いずれも戦争に勝利してきた事例を掲げたのち、徳や能や智がそれに及ばぬ者たちが、仁義（じんぎ）を積み、礼楽（れいがく）を用いようとするだけで、衣装を引きずって何もせずに、戦争を禁止しようと考えることを厳しく批判する。そして、『荀子』がそれを「仁義の兵」と規定する神農・黄帝・尭（ぎょう）・舜（しゅん）の「四帝」および周の文王（ぶんおう）・武王の「両王」の戦いの様子を示し、戦争の禁止は尭・舜にすらできず、戦争こそが天下を支配するために最も重要な手段であると主張する。

孫臏は、見威王篇において、『呉子』に影響を与えていた儒家に対抗しながら、独自の戦争の正統化論を主張しているのである。

『孫臏兵法』が失われた理由

このように『孫臏兵法』は、『孫子』の原則を具体的に解釈し、『孟子』や『荀子』のような儒家とは反対に、戦争により天下を支配できるという兵家としての正統性理論を有していた。さらには、直接的な戦闘をなるべく避けようとする『孫子』とは異なり、「守らずに攻める」という戦争の新しい原則を打ち出している。戦国時代の打ち続く戦乱が、戦い続ける新たな論理を必要としていたのであろう。こうして『孫臏兵法』は、時代状況に対応しながら、また諸子百家とのせめぎあいの中で、自らの特徴を研ぎ澄ましていったのである。

『孫子』十三篇を継承しながらも、儒家に寄り添った呉起、および呉子学派と、儒家に反発した孫臏、および孫氏学派は、儒家の主張を軸に比較すると、その立ち位置の違いが明確になる。その一方で、両者は共に、『孫子』の原則を具体化し、さらには戦国期の軍事状況の変容に対応して、新たな戦術や武器を取り入れている点で共通性を持っていた。

共通性を持つがゆえに、『孫子』十三篇、および『呉子』との差異が明瞭ではなかった『孫臏兵法』は、伝承されずに失われていく危険性を当初から持っていた。とりわけ、漢帝国で儒教が国教化されていくと、反儒家を特徴とする『孫臏兵法』は、継承されにくくなる。しかし、後漢「儒教国家」が成立した後にも、黄老思想を背景とする孫武の『孫子』が読まれ続けたことを考えれば、『孫臏兵法』が散逸した理由は、その反儒家的思想だけに求めることはできまい。

『孫臏兵法』は、『孫子』に対して「守らずに攻める」という新たな原則を出していた。この原則は、戦国時代の終焉と共に、さほど重要な原則ではなくなっていく。また、『孫子』十三篇と密接に結びついた緻密な具体策の提示は、戦法の変化により無用となる。そして、詳細に説明するがゆえに、『孫子』十三篇の解釈を限定的にして、『孫子』の応用性を奪い取る枷（かせ）になっていく。同じく『孫子』十三篇を具体化している側面を持つ『呉子』は、あくまで『呉子』であるため、『孫子』の応用性の枷とはならない。こうした中で『孫子』を伝える者の中でも、『孫臏兵法』が重視されなくなっていき、『斉孫子』のような『孫子』十三篇と『孫臏兵法』とをまとめた形での「孫氏の道」の継承は、やがて断絶する。そもそも前漢前半の黄老の尊重と後半からの儒教一尊への動き、そして匈奴の衰退の中で、兵家そのものの需要も減少していた（なお、漢帝国と儒教との関わりについては、渡邉義浩『漢帝国』〈中公新書、二〇一九年〉を参照）。

しかし、後漢「儒教国家」が衰退すると、後漢末の戦乱の中で、『孫子』は再び脚光を浴びる。そうした中、文字どおり三国一の兵法家である曹操によって、現行本『孫子』の形と解釈が定められていくのである。

第二章　曹操による十三篇の確立――孫武十三篇に注す

1　乱世の姦雄

宦官の孫

『孫子』を知るためには、「三国志」の英雄曹操（一五五～二二〇年）を知らなければならない。現行の『孫子』十三篇は、曹操が確立したためである。『三国志』武帝紀〔曹操の本紀〕を中心としながら、曹操の生涯から見ていこう（なお、「三国志」の詳細については、渡邉義浩『三国志』〈中公新書、二〇一一年〉を参照）。

曹操の台頭は、曹操個人の傑出した才能によるが、祖父の財産と人脈もそれを大いに助けた。祖父の曹騰は、後漢の桓帝擁立に功績があり、宦官〔宮中に仕える去勢した男子〕でありながら、多くの人材を抜擢した。無名の曹操を評価し、彼の憧れとなる橋玄〔後漢の大宰相〕を推挙した種暠は、曹騰が抜擢した一人である。曹操の父は、夏侯氏から養子に入ったという曹嵩で、太尉〔三公と称される太尉・司徒・司空という総理大臣の筆頭〕に至った。曹操を支えた武将の夏侯惇や夏侯淵は、父方の一族なのである。

熹平三（一七四）年、曹操は二十歳で郎〔皇帝を警護する近侍官。キャリア官僚のスタートライン〕となり、洛陽北部尉〔首都洛陽の警察長官〕に任命され、宦官の関係者でも処刑する猛政〔後漢の主流であった寛治の対極で、法刑を重視する統治〕で名声を得た。光和七（一八四）年、張角を首領とする黄巾の乱が起こると、豫州潁川郡の黄巾を討伐して、済南国相〔国相は、郡と同格の国の行政長官〕に昇進したが、こののち一時失脚し、故郷に戻った。

中平六（一八九）年、董卓が後漢の政治を壟断すると、兗州陳留郡で挙兵する。曹操は反董卓連盟で、袁紹〔四世三公の名門出身〕から行奮武将軍に推薦された。かつて橋玄の紹介により、許劭から「乱世の姦雄」という人物評価を受けた曹操は、何顒を中心とする名士〔三国時代の知識人層〕のグループで袁紹・荀彧・許攸たちと交友していたためである。

盟主の袁紹が董卓と戦わない中、曹操は洛陽への進撃を唱え、滎陽の戦いで大敗する。それでも、漢の復興のために董卓と戦ったことは、のちに献帝〔後漢最後の皇帝〕を擁立する正統性を支え、漢の護持を願う名士に、曹操の存在を知らしめた。

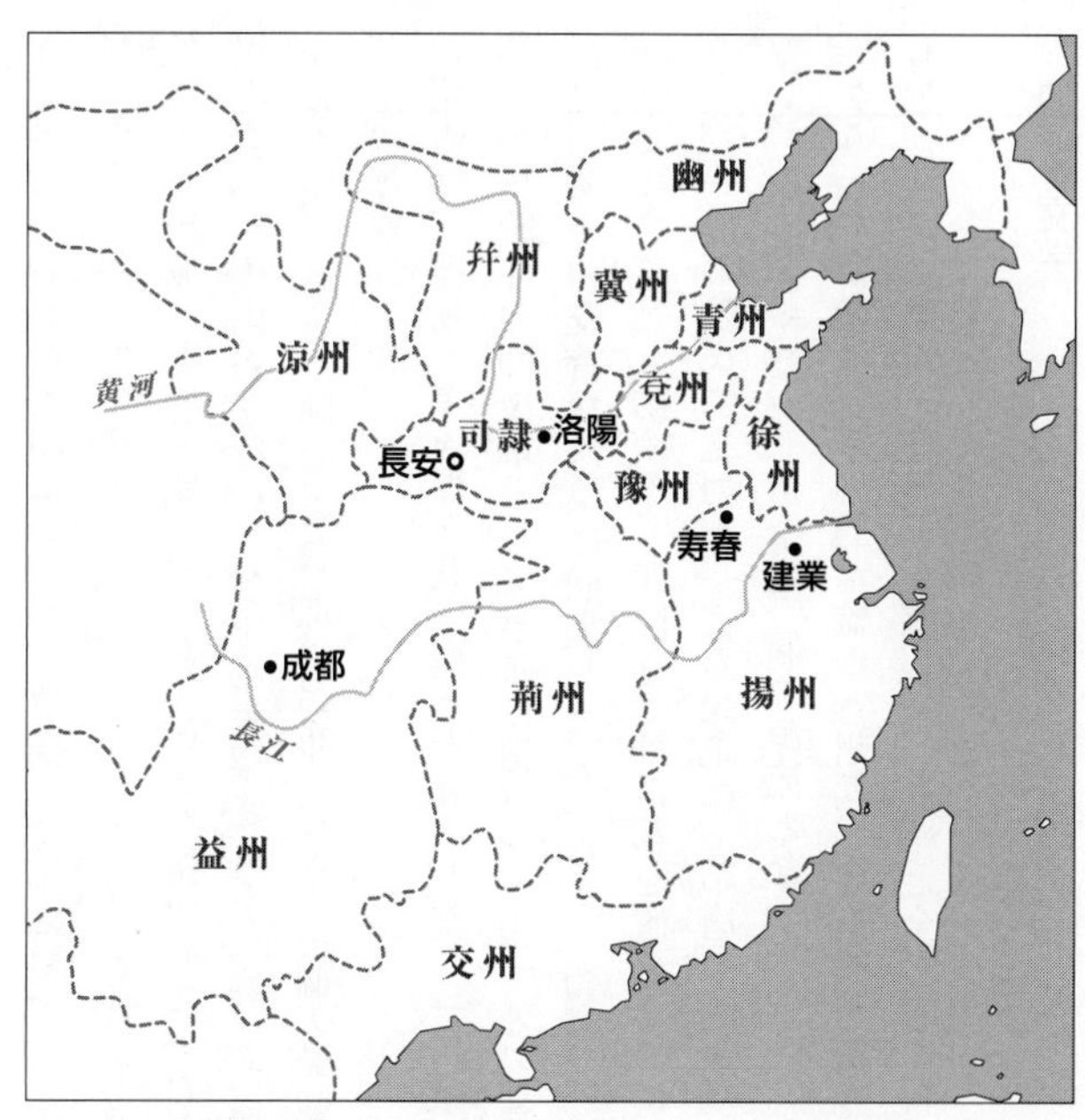

図2-1　後漢の十三州（渡邉義浩『三国志ナビ』新潮文庫、所収地図をもとに作成）

三つの基盤

河北〔黄河の北〕を制圧していく袁紹を見て、曹操は黄巾の盛んな河南に出る。初平三（一九二）年、兗州牧〔図2-1。州牧は、郡・国の上の行政単位である州の行政長官〕となり、青州黄巾を破って、兵三十万、民百万を帰順させる。これを編制したものが、曹操の軍事的基盤となった青州兵である。このころ荀彧が集団に加入する。

名士本流の荀彧が、袁紹を見限り曹操に仕えたことにより、多くの名士が集団に参入し、曹操は順調に勢力を拡大した。それを嫌った袁術〔袁紹の異母弟〕の侵入に反撃すると、徐州牧の陶謙が曹操の父を殺して報復する。公孫瓚・陶謙・孫策の袁術派と曹操・劉表の袁紹派とが抗争していたためである。親を殺された曹操は、民を含めた大虐殺を行い、名士に失望される。焦った曹操が虐殺を批判した兗州名士の辺譲を殺害すると、陳宮と張邈は呂布〔三国志で個人最強の武将〕を招き、曹操に敵対して兗州をほぼ制圧した。

荀彧は、程昱・夏侯惇と共に拠点を死守した。一年余りをかけて兗州を回復した曹操に、荀彧が正統性の回復策として献帝の擁立を主張する。建安元（一九六）年、献帝を迎えた曹操は、名士の支持を次第に回復した。さらに、荀彧は、兗州にあった拠点を豫州の潁川郡許県に移すことを勧める。曹操は、許に都を置くと共に、周辺で屯田制を始めた。軍隊ではなく、一般の農民に土地を与える民屯は、隋唐の均田制の源流となる。また、戸ごとに布を調として取る税制は、租庸調制の源流となっていく。

こうして曹操は、軍事的基盤の青州兵、経済的基盤の屯田制、政治的正統性となる献帝を有し、河南の豫州・兗州を支配して、袁紹と全面的に戦い得る態勢を整えた。

曹操の生涯における二つの大戦は、官渡の戦いと赤壁の戦いである。詳細は『孫子』の活用法を見るため、後ほど触れることにしよう。建安五（二〇〇）年の官渡の戦いでは、降伏してきた旧友の許攸が立てた烏巣急襲策を採用して勝利を収めた。ただし、その勝利は、許で献帝を守り、兵糧を供給し、名士間のネットワークを活用して袁紹陣営の情報を収集・分析した荀彧の功績に大きく依存する。この時期、曹操と荀彧は、志を共にしていた。

ところが、建安十三（二〇八）年、赤壁の戦いに敗れ、五十四歳の曹操が中国統一より、君主権力の強化と後漢に代わる曹魏の建国を優先すると、両者の関係は悪化する。董昭から曹操を魏公に推薦する相談を受けた荀彧が、儒教的理念を掲げてこれを非難すると、両者の対立は決定的となった。建安十七（二一二）年、孫権討伐の途上、曹操は荀彧を死に追い込む。

曹操は、名士の価値観として絶対的な位置を持つ儒教が漢を正統化していたことを嫌い、儒教の相対化を目指す。荀彧を死に追いやった二年前、曹操は徳を重んじる儒教の登用方針とは異なる、唯才主義〔才能を人事の基準とすること〕を掲げていた。

さらに曹操は「文学」を宣揚する。曹操のサロンから発展した建安文学は、中国史上初の本格的な文学活動となった。曹操は、五官将文学など「文学」を冠する官職を創設し、また文学の才能を基準に人事を行った。さらに、文学の才に秀でた曹植〔卞后の産んだ三男〕

を寵愛し、一時は曹丕〔卞后の産んだ長男〕を差し置いて後継者に擬することもあった。文学は、こうして儒教とは異なる新たな価値として、国家的に宣揚された。曹操の著した楽府〔楽曲にあわせて唱う詩〕は、自らの正当性を奏でる手段であった。

荀彧を殺した次の年、曹操は魏公に封建され、九錫〔天子に匹敵する九種の礼〕を受けた。魏国の社稷と宗廟を建て、二人の娘を献帝の夫人とした曹操は、建安十九（二一四）年に献帝の伏皇后を廃位する。翌年、娘の曹節を献帝の皇后に立てると、建安二十一（二一六）年に魏王の位に即いた。そして建安二十五（二二〇）年一月、魏王曹操は、洛陽で薨去すると、高陵〔二〇〇八年に発見された西高穴二号墓〕に葬られた。

曹操は儒教一尊であった後漢の価値基準を打破して、多くの文化に価値を見出した。戦乱期に最も重要な「戦い」については、『孫子』に注をつけ、新たな文化価値として宣揚した文学では、作った楽府を管弦に乗せて唱和させた。また、草書と囲碁を得意とし、五斗米道〔福禄寿を願う道教の源流〕に興味を抱き、養生の法を好み、方術の士〔神仙になることを目指す者たち〕を招いた。

曹操の存在ゆえに、三国時代は歴史の転換点となった。政治的には、四百年の統一国家である漢が崩壊し、三百七十年に及ぶ魏晋南北朝の分裂の中で、名士を母体とする貴族が支配階級となる。経済的には、隋唐律令体制に結実する屯田制などの土地制度や税制度が整備される。文化的には、儒教一尊は崩壊し、仏教・道教が盛んとなり、文学・書画が新たな価値として定着していく。これらはすべて曹操に源を発するのである。『三国志』を著した陳寿は、曹操を「非常の人、超世の傑」と位置づけ、その才能を高く評価している。

2　曹操の校勘

魏武注

『三国志』の武帝紀の裴松之注に引用された東晋の孫盛（三〇二〜三七三年）の『異同雑語』には、曹操に関する次のような記述がある。

> 太祖（曹操）はかつて密かに中常侍の張譲の家に侵入した。張譲がこれに気づいたので、（太祖は）手戟を庭で振り回し、垣根を越えて脱出した。才気と武勇は人並みはずれ、太祖に危害を加えられる者はなかった。諸書を広く読み、とりわけ兵法を好み、諸家の兵法を抜き出し集め、名づけて『接要』と呼んだ。また孫武の十三篇に注をつけ、どちらも世間に伝わった。かつて許子将（許劭）に、「吾はどのような人でしょうか」と尋ねた。許子将は答えなかった。再三これに問うと、子将は、「子は治世の能臣、乱世の

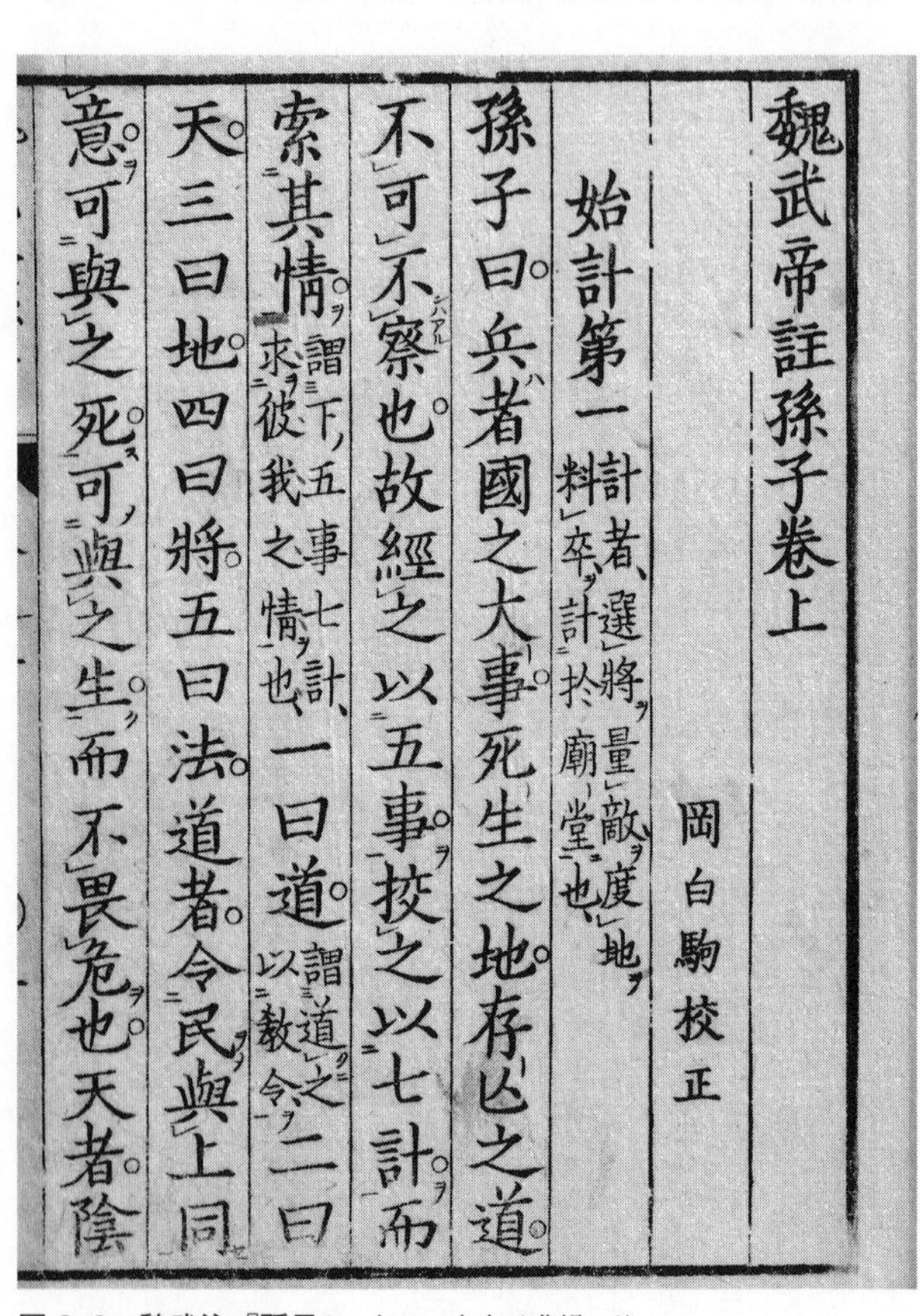
魏武帝註孫子巻上
岡白駒校正
始計第一　計者、選將量敵度地、料卒計於廟堂也、
孫子曰、兵者國之大事、死生之地、存亾之道、
不可不察也、故經之以五事、挍之以七計、而
索其情、謂下五事七計、求彼我之情也、一曰道、謂道之以教令、二曰
天、三曰地、四曰將、五曰法、道者、令民與上同
意、可與之死、可與之生、而不畏危也、天者陰

図 2-2　魏武注『孫子』　小さい文字が曹操の注

姦雄(かんゆう)である」と言った。太祖は大いに笑った。

『三国志』本紀一　武帝紀注引『異同雑語』

曹操が「乱世の姦雄」と呼ばれたことを伝える有名な史料である。ここには、曹操が「孫武の十三篇」に注をつけた、と明記されている。現行の『孫子』十三篇の文章を定め、それに注釈を施し、現在の形を定めた者は、曹操なのである。

曹操は、「銀雀山漢簡」の中に含まれる『斉孫子』八十九篇・図四巻よりも、すでに現行の「十三篇」に近づいていた複数の『孫子』を用いて、校勘を加えながら、定本を作成した（図2-2）。

曹操が『孫子』十三篇のテキストを定めるために行った校勘の具体像は、范曄(はんよう)の『後漢(ごかん)書(じょ)』に残る『孫子』との比較から明らかにできる。現行の魏武注『孫子』より、書き下し文に現代語訳をつけて掲げよう。

書き下し文

勝つ可(べ)からざる者は、守ればなり［六］、勝つ可き者は、攻むればなり［七］。守るは則ち①足らざればなり、攻むるは則ち余(あまり)有ればなり［八］。善(よ)②く守る者は、九地の下に蔵(かく)れ、善く攻むる者は、九天の上に動く。故に能く自ら保ちて全(まった)く勝つなり［九］。

［六］形を蔵(かく)せばなり。

［七］敵攻むれば、己(おの)れ乃(すなは)ち勝つ可し。

［八］③吾守る所以(ゆゑん)は、力足らざればなり。攻むる所以は、力余り有ればなり。

［九］其(そ)の深微なるを喩(たと)ふ。

現代語訳

勝つことができないのは、（敵が「形」を隠して）守っているためである［六］、勝つことができるのは（敵が）攻め（て「形」が現れ）るからである［七］。①守るのは（力が）足りないからで、攻めるのは（力に）余裕があるからである［八］。②守るのが上手な者は、大地の下にひそむかのようで、攻めるのが上手なものは、大空を動きまわるかのようである。だから、自らの力を温存して、完全な勝利を収めるのである［九］。

［六］（敵が）「形」を隠しているからである。

［七］敵が攻めれば（「形」が現れるので）、自軍が勝つことができる。

［八］③こちらが守るのは、力が足りないからである。攻めるのは、力に余裕があるからである。

［九］（善く攻め、善く守るとは大地の下と大空の上のように）奥深く見えにくいことの喩(たと)

えである。

魏武注『孫子』軍形篇第四（魏武注番号は篇ごとにつけたので、ここでは途中からとなる）

魏武注『孫子』の①「守則不足、攻則有余」という八文字は、曹操以前の『孫子』の本文とはすべて異なる。曹操は、注をつける以前に、様々な『孫子』の文章を比較して、どれが相応しいのかを考えて本文を定めているのである。これを校勘という。まず、曹操の注に基づく、曹操の本文の解釈を述べてから、曹操以前の『孫子』を検討しよう。

曹操は、③「こちらが守るのは、力が足りないからである。攻めるのは、力に余裕があるからである」と解釈する。したがって、①の訳は「守るのは（力が）足りないからで、攻めるのは（力に）余裕があるからである」と定まる。注をつけるという行為は、分からない言葉を説明するだけではなく、文章の解釈を定めていくことである。①「守るのは足りないからで」ある、と本文をそのまま訳しても、守るのがどちらであるのか、足りないのは何であるのかは、分からない。それを曹操は［八］の注で定めており、その結果、本文の訳が定まるのである。そして、②の「善守者、蔵於九地之下、善攻者、動於九天之上（守るのが上手な者は、大地の下にひそむかのようで、攻めるのが上手なものは、大空を動きまわるかのようである）」という美しい比喩とも相俟って、敵味方を問わず、攻守の条件を規定する、抽象的で応用力の高い本文が定められている。②が比喩と定まるのも、［九］の注で曹操がそう捉えているからである。

これに対して、曹操の本に最も近いテキストは、後漢末の皇甫嵩(こうほすう)が伝えている。皇甫嵩は、黄巾の乱に際して、張角の弟である張梁(ちょうりょう)・張宝(ちょうほう)を撃破し、また董卓の誅殺にも功績があり、驃騎(ひょうき)将軍〔大(だい)将軍・車騎(しゃき)将軍に次ぐ将軍号〕、太尉(たいい)を歴任した名将である。決して兵法に暗いわけではない。皇甫嵩が上奏文に引用する『孫子』の字句は、次のとおりである。

書き下し文

(1)百戦百勝は、戦はずして人の兵を屈するに如(し)かず。是を以て(2)先(ま)づ勝つ可(べ)からざるを為(な)して、以(もっ)て敵の勝つ可きを待つ。勝つ可からざるは我に在り、勝つ可きは彼に在り。(3)彼は守るに足らず、我は攻むるに余り有り。(4)余り有る者は、九天の上に動き、足らざる者は、九地の下に陥(おちい)る。

現代語訳

(1)百戦して百勝するのは、戦わずして敵を屈服させることに及ばない。このため、(2)まず（敵がこちらに）勝てない態勢をつくり出したうえで、敵が（弱点を晒(さら)して誰でも）勝てる態勢になるのを待つ。誰も勝てない（不敗の）態勢は自軍にあり、誰でも勝てる（必敗の）態勢は敵にある。(3)敵は守るに（戦力が）不足しており、こちらは攻めるに余裕がある。(4)余裕ある者は、天の最上で行動し、不足している者は、地の最下に陥るものである。

『後漢書』列伝六十一　皇甫嵩伝

皇甫嵩は、このように(1)(2)(3)(4)と『孫子』を引用したうえで、涼州の賊である王国に攻められている陳倉城に、早く進軍すべきと主張していた董卓を論破する。そして、疲弊した王国が逃亡すると、追撃を止める董卓を無視し、王国を追撃して滅ぼした。『孫子』の兵法を用いて賊を破った皇甫嵩に恥をかかされた董卓は、こののち皇甫嵩と対立していく。

皇甫嵩が自説の論拠とした『孫子』のうち、(1)は謀攻篇、(2)は軍形篇であるが、(1)は曹操の定めた現行の『孫子』と字句の相違がある。ここでは軍形篇の連続する字句である(3)(4)に注目すると、先に掲げた軍形篇の①「守るは則ち足らざればなり、攻むるは則ち余有ればなり。善く守る者は、九地の下に蔵れ、善く攻むる者は、九天の上に動く」に似ているが、字句は異なっていることが分かる。分かりやすくするため、原文で示そう。

曹操が定めた『孫子』軍形篇

①守則不足、攻則有余［八］。②善守者、蔵於九地之下、善攻者、動於九天之上。

皇甫嵩が上奏文に引用する『孫子』

⑶彼守不足、我攻有余。⑷有余者、動於九天之上、不足者、陥於九地之下。

曹操の定めた①「守則不足、攻則有余」が、攻守の彼我（ひが）を固定しないことに対して、皇甫嵩の引用する『孫子』は、戦力の多寡（たか）を⑶「彼」「我」により固定している。このために、自分が攻めて相手が守る場合にのみ、本文の適用範囲は限定される。また、曹操の定めた②「善守者、蔵於九地之下、善攻者、動於九天之上」が、［九］の注もあり、攻守による軍形の動きの比喩として解釈できることに対して、皇甫嵩の引用する『孫子』の⑷九天・九地は、余りあって攻める者が、圧倒的に勝つ理由の説明になっている。このように比較すると、曹操が定めた現行の『孫子』の方が、抽象的で応用が利き、文学的にも美しい文であることを理解できる。

それでは曹操は、なぜ皇甫嵩の『孫子』とは異なる本文を定めたのであろうか。それは曹操が、皇甫嵩の『孫子』とは、字句の異なる『孫子』を見たことによろう。①の部分は、光武帝劉秀（こうぶていりゅうしゅう）の中国統一に功績があった後漢初期の馮異（ふうい）の列伝、さらには、「銀雀山漢簡」にもあり、それぞれ字句が異なっている。②の部分を含めて時代順に原文で掲げよう。

1「銀雀山漢簡」

守則有余、攻則不足。昔善守者、（臧）〔蔵〕於九地之下、動九天之上。

2『後漢書』列伝七 馮異伝

攻者不足、守者有余。②は引用せず。

3『後漢書』列伝六十一 皇甫嵩伝

彼守不足、我攻有余。有余者、動於九天之上、不足者、陥於九地之下。

4 魏武注『孫子』軍形篇第四

守則不足、攻則有余。善守者、蔵於九地之下、善攻者、動於九天之上。

最も古い1「銀雀山漢簡」は、4魏武注『孫子』と「攻守」が逆であり、「守れば余裕があり、攻めれば力が足りない」と主張する。簡単で分かりやすいが、ここに哲学的な深みや、攻守に対する想像力が働く余地は少ない。しかも、②の主語が「昔の善く守る者」だけで、攻める者がないために、4魏武注『孫子』に比べて、①と②が呼応せず、文意が通じにくい。

2馮異伝は、①については1と文の順序が逆で、「則」を「者」につくる。「則」が「者」になると、条件であることが明示されないので、「攻める者は力が足りず、守る者は余裕がある」となり、1よりも一層、平板な記述となる。②の部分も引用されないため、説得力が増すこともない。3皇甫嵩伝は、すでに述べたように、①を「彼」と「我」に限定するために文意は浅い。4魏武注『孫子』が1～3に比べて、格段にすぐれていることを理解できよう。

そして、1・2は、「守」は「有余」で「攻」は「不足」であるとし、3・4は、「守」は「不足」で「攻」は「有余」である、とする。内容として正反対であるため、後漢では、少なくとも二系統の『孫子』が存在した可能性がある。4魏武注『孫子』は、3の系統を継承しながら、1の二重傍線部の「則」も継承する。すなわち、4魏武注『孫子』は、二つの系統の『孫子』を検討し、ここでは両者を折衷して、本文を校勘したと考えてよい。同時に4魏武注『孫子』は、3では「彼」「我」、すなわち敵軍と自軍の相対関係において、攻守を固定的に考えていたことを脱却している。それに伴い、3では「有余者、動於九天之上、不足者、陥於九地之下」とする②について、4魏武注『孫子』は「善守者、蔵於九地之下、善攻者、動於九天之上」とする。3のように「彼」「我」を限定すると、戦力が足りなければ「九地の下」に「陥る」解釈となる。だが、4魏武注『孫子』は、攻守を共に自軍の問題としたため、「陥る」とは解釈しにくい。そこで、1「銀雀山漢簡」に、「昔善守者、(臧)〔蔵〕於九地之下」とある系統を引く本より、「蔵」を採用して「九地之下」に軍形を「かくす」

と本文を定めたのではないか。

このように曹操は、少なくとも二系統の『孫子』を用意して、文章を校勘しながら定め、そこに注をつけたのである。そうすることで曹操は、『孫子』の含意を深め、応用の利くように改めた。曹操は、孫武が著した『孫子』の本来の姿に思いを致し、自らが孫武の正しい思想と考える文章になるように、『孫子』の本文を定めたのである。そのうえで、本文に対応する注を施し、前後の文脈が連続して意味を持つようにした。こうして曹操は、『孫子』の本文が持つ意味を深め、自身の解釈に合うような校勘をしながら、そこに自己の軍事思想を込めたのである。『孫子』は、これ以降、曹操が定めた本文を基本とした。

したがって、本書では、魏武注に基づき『孫子』を解釈し、『孫子』の本文を具体的に考えていく。曹操の存在なくして、『孫子』を考えることはできないのである。

3　魏武注の特徴

本文と異なる注

曹操が生きた後漢「儒教国家」は、儒教経典の言葉の意味を正確に解釈する訓詁学(くんこがく)が、学問の中心であった。魏武注『孫子』は、儒教ではなく、黄老思想に基づき『孫子』に注をつけている。それは、『孫子』そのものに『老子』と深い関係性があると理解する曹操が、それに寄り添った注をつけたためである。本文に寄り添うことは、儒教の訓詁学に則（のっと）った注のつけ方である。魏武注の基本は、訓詁学の方法論に従って、本文を正しく解釈するため、本文に寄り添った注をつけることにある。

しかし、稀にではあるが、曹操が本文とは異なる注をつける場合がある。たとえば、『孫子』は、具体的な戦闘を行わず、戦わないで勝つことを戦争の理想とする。それは、『孫子』謀攻篇に次のように示される。必要な魏武注と共に掲げよう。

書き下し文

孫子曰く、「凡（およ）そ兵を用ふるの法は、①国を全（まった）くするを上と為し、国を破るは之（これ）に次ぐ［二］。……是の故に②百戦して百勝するは、善の善なる者に非（あら）ざるなり。戦はずして人の兵を屈するは、善の善なる者なり［七］。

［二］③師を興（おこ）さば深く入り長駆して、其（そ）の都邑（とゆう）に拠り、其の内外を絶ち、敵の国を挙げて来服するを上と為す。兵を以て撃破して之を得るを次と為すなり。

［七］未（いま）だ戦はずして敵自ら屈服す。

現代語訳

孫子はいう、およそ兵を用いる方法は、（敵の首都を急襲して）国を丸ごと取ることを上策とし、（兵を用いて敵国の）軍を討ち破るのは次善である〔二〕。……このため百戦して百勝することは、最善ではない。戦わずに敵の軍を屈服させるのが、最善である〔七〕。

〔二〕軍を興せば（敵地に）深く入り長距離を行軍して、敵の都を占拠し、敵の都と国の内外を遮断して、敵が国をあげて降参し帰属することを上とする。兵を用いて（敵軍を）撃破して占領することはその次とする。

〔七〕まだ戦わずに敵が自ら屈服することである。

魏武注『孫子』謀攻篇第三

『孫子』の本文は、②「百戦して百勝する」ことを最善とはせず、①「国を全くするを上と為し、国を破るは之に次ぐ」としている。「百戦百勝」するよりも、謀略により戦わずに、国を全うしながら従わせることを「上」とするのである。なお、「敵の首都を急襲して」という括弧で補った言葉は、曹操の解釈である。ここでは、曹操の解釈は、理由があって『孫子』本文から乖離（かいり）している。その理由は、自らの軍事行動の経験にある。

『孫子』が「百戦百勝」を目指すべき兵法書でありながら、それを最善としない哲学的背景は、黄老思想に求めることができる。『老子』第三十一章には、「軍というものは、不吉な道具であって、君子の道具ではない。やむをえず軍を用いる場合は、無欲恬淡であることを最上と考え、勝利しても（それを）良いことだとしてはならない。そうであるのにそれを良いことだと考える者がいれば、それは人を殺すことを楽しんでいる。そもそも人を殺すことを楽しむ者は、（自分の）志を天下に実現することなどできない」とある。こうした思想の影響下に、『孫子』は、「百戦百勝」するよりも、国を全うしながら従わせることを「上」とするのである。

ところが、魏武注は、ここでは黄老思想に基づき『孫子』を解釈しない。「国を全くするを上と為」すことについて、たとえば唐の杜佑（七三五～八一二年）は、「敵国がやって来て降伏することを上とし、撃ち破ることを次とする」と注をつけ、戦わないで勝つという『孫子』の理想を軍を「不吉な道具」とする『老子』の思想に沿って解釈する。『孫子』本文の解釈としては、杜佑が正しい。

これに対して、曹操は、③「軍を興せば（敵地に）深く入り長距離を行軍して、敵の都を占拠し、敵の都と国の内外を遮断して、敵が国をあげて降参し帰属することを上とする」と注をつける。曹操は、あくまで兵を用いて中心都市を攻め落とし、そののち国を丸ごと支配するのを「国を全くする」ことである、と解釈するのである。そこには、曹操の後漢末の群雄との戦いがある。曹操は、かつて中心都市を攻め落とさずに張繡の降伏を受けた後、背かれて長子の曹昂や親衛隊長の典韋を殺される大敗北を喫した。そうした経験が曹操に、『孫子』本文の主張とは異なる注をつけさせているのである。

このように曹操は、『孫子』本文の主張と異なる内容の注をつけ、また黄老という一つの思想により、『孫子』のすべてを把握することはない。魏晉期には、曹操の養子である何晏の『論語集解』や、何晏が高く評価した王弼の『老子注』のように、本文とは異なる自らの見解を述べる注がつけられていく。後漢の訓詁学とは異なる、そうした注のつけ方の先駆を曹操に見ることができるのである。

具体的戦役への言及

『孫子』の本文は、固有名詞が少なく、それが内容の抽象性を高め、あらゆる戦いへの原則を示しうる理由となっている。したがって、本文に寄り添う曹操の注も、固有名詞は少ない。しかし、曹操が台頭していく過程で、重要であった徐州での戦いが、二ヵ所の注に反映している。ここでは、個人として最強の武将であった呂布を徐州の下邳城に破った戦いが魏武注『孫子』に記される事例を掲げよう（図2-3）。

呂布は、後漢の宰相である王允と共に、後漢末期に専制権力を握った董卓を暗殺した武将で、建安三（一九八）年、袁術と結んで曹操への攻撃を企てた。曹操は、呂布を討伐して下邳城を水攻めにする。困窮した呂布は袁術に救援を求めたが、袁術は救援を送らず、城内の兵糧が尽き、部下に裏切られた呂布は降伏した。下邳城の包囲戦という具体的な戦役に基づいて、曹操は次のように注をつけている。ここでは焦点となる注一つだけを記そう。

書き下し文

故に用兵の法は、①十ならば則ち之を囲み［一六］、五ならば則ち之を攻め、倍せば則ち之を分かち、敵せば則ち能く之と戦ひ、少なければ則ち能く之を守り、若かざれば則ち能く之を避く。

［一六］十を以て一に敵せば、則ち之を囲む。是れ②将の智勇等しくして兵の利鈍均しきなるを謂ふなり。若し主弱く客強からば、③操倍兵もて下邳を囲み、呂布を生擒する所以なり。

現代語訳

このため兵を用いる方法は、（自軍が）①十倍であれば敵を包囲し［一六］、五倍であれば敵を攻撃し、二倍であれば（自軍を正兵と奇兵に分けて）敵を分け（て対応させ）、匹敵すれば（奇兵や伏兵を設けて）よく戦い、少なければ敵から守り、及ばなければ敵を避ける。

［一六］十倍（の軍）により一倍（の軍）を敵とすれば、敵を包囲する。これは②将の智勇

が等しく兵の利鈍が均しい（場合の）ことをいう。もし主（包囲される側）が弱く客（来て攻める側）が強ければ、③操（わたし）が二倍の軍によって下邳を包囲し、呂布を生け捕りにした理由（のように勝てること）となる。

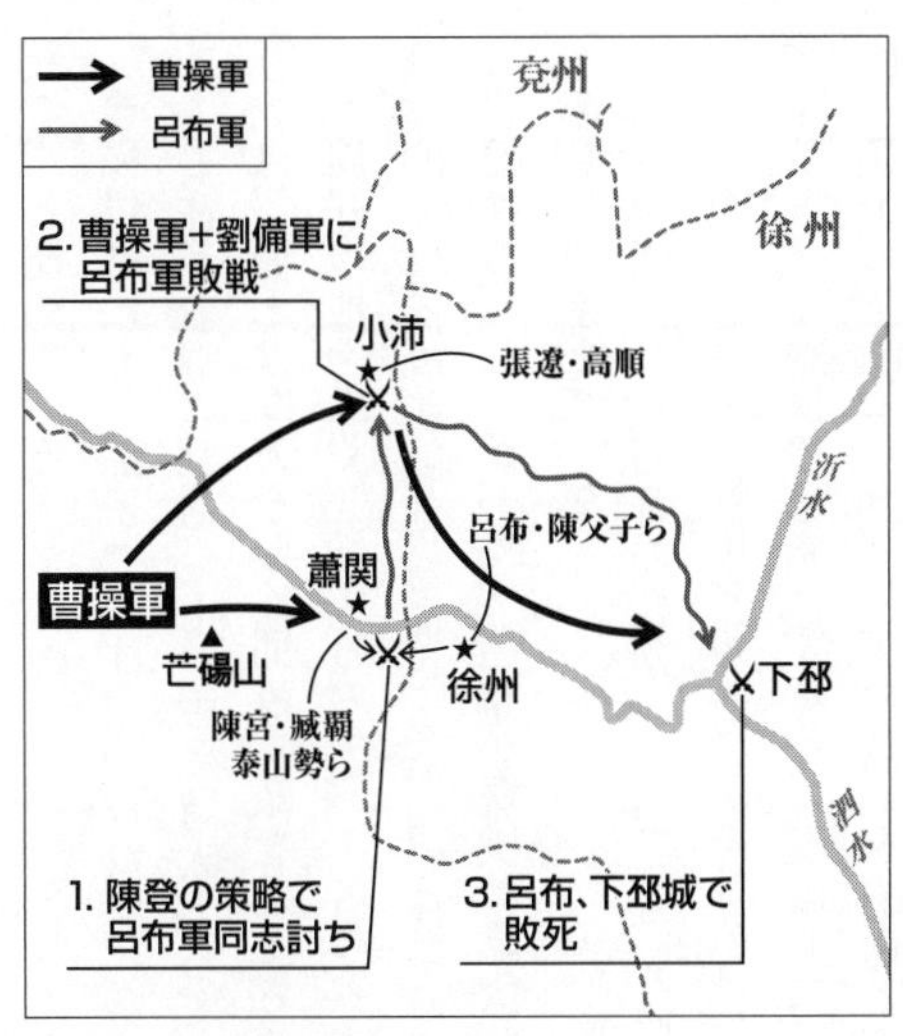

図 2-3　下邳の戦い（渡邉義浩『三国志ナビ』新潮文庫、所収地図をもとに作成）

魏武注『孫子』謀攻篇第三

『孫子』の本文は、彼我の兵力差が①十倍であれば、（城攻めのように）敵を包囲するという。これに注をつけた曹操は、十対一という兵力差であれば敵を包囲するというのは、敵味方の②将軍の智能が等しく兵の利鈍が均しい（場合の）ことをいう。もし主（包囲される側）が弱く客（来て攻める側）が強ければ、③操が二倍の軍によって下邳を包囲し、呂布を生け捕りにした理由（のように勝つことができること）になる、と述べている。

曹操以外にも『孫子』に注をつけた者は多く、『十一家注孫子』には、曹操とあわせて十一人の注が収録される。その中に詩人としても有名な唐の杜牧（八〇三〜八五二年）がいる。杜牧は、囲とは四方を厚く囲み、敵を逃走させないことである。そのために敵城からやや離れた周囲の地を広く守備するので、十倍の戦力がいる。呂布が敗れたのは、内部の疑心暗鬼、具体的には侯成が陳宮を捕らえ呂布を捨てて降伏したことによる。上下が疑心暗鬼になれば自壊する。したがって、呂布が曹操に降伏した事例は参考にならない、と注をつけて曹操の解釈を批判している。

孫呉を滅ぼした西晉の杜預（二二二〜二八四年）を祖先とし、『通典』（唐までの制度史をまとめた本）を著した杜佑を祖父に持つ杜牧は、軍事や制度に精通する。それに基づき、二倍で十分とする曹操の解釈に、懸命に反論している。しかし、実際に戦っていない杜牧の反論は、机上の空論であり、現実の戦いを論拠とする曹操の注に見劣りする。曹操は、自らの戦いを踏まえて実践的な注を著しており、ここに魏武注の特徴を見ることができる。

『孫子』は、華々しい戦史や将軍の逸話、必勝の具体策といった物語性の強い内容は少なく、人間の集団の運動法則や外的環境からの影響などを哲学的に論ずることが多い。曹操の注も、こうした『孫子』の特性にあわせているが、徐州の具体的な軍事行動に基づき解釈を展開する部分もあった。ただし、そうした部分は魏武注には少ない。「変」を尊ぶ『孫子』の思想からいっても、あくまで具体的な戦役は一般化せず、その場に適合した対応をすべきである。曹操は、それを可能とするために「軍令（ぐんれい）」を多用し、『兵書接要（へいしょせつよう）』を著している。

4　軍令と『兵書接要』

兵学研究の共有化

曹操が、自らの兵学研究の結果を軍の幹部に持たせ、統一的な作戦行動を取らせたことは、『三国志』に注をつけた裴松之が引用する王沈（おうしん）の『魏書』に、次のように記述される。

太祖（たいそ）（曹操）は自ら天下を統御し、賊の群れを掃討したが、その行軍や用兵は、おおよそ孫子・呉子の兵法に依っていた。事に応じて奇を用い、敵を詐（いつわ）って勝ちを制し、その変化は神のようであった。①自ら兵書を著すこと十余万言、諸将は征伐するにあたり、みな（太祖の）新書を携（たずさ）えて事に当たった。②戦いに臨むにもまた自ら指図し、命令に従う者は勝利し、教書に背く者は敗北した。敵と対陣すると、心は静まり、戦う意図がないかのようであった。しかし機を決し勝ちに乗ずるに及べば、気勢に満ちあふれた。それゆえに戦うたびに必ず勝ち、軍は幸運で勝つことはなかった。

『三国志』巻一　武帝紀注引『魏書』

このように曹操は、①「新書」と表現される「十万余言」の兵法書を自ら著し、②戦いに臨んでは、自ら指図したという。曹操は、兵学研究の結果を軍の幹部に持たせ、統一的な作戦行動を取らせていたのである。①に「新書」とあるのは、すでに掲げた孫盛の『異同雑語』で『接要』と表記されていた、諸家の兵法を抜き出し集めた『兵書接要』を中心とする。そのほか「十万余言」の中には、『隋書』経籍志に著録される『魏武帝兵法』一巻（散逸して現存しない）なども含まれよう。①諸将はこれらを参照しながら、作戦に従事した。また、曹操は、②重要な任務をまかせる際には自ら策を授け、「令（命令）」「教（教書）」により具体的な指示内容を書き与えた。これらを本書では「軍令」と総称する。

曹操の息子である曹丕は、遊牧民族である烏桓の討伐に出征する弟の曹彰に注意を与え、「指揮官が軍令を遵守することは、征南将軍（曹仁）のようでなければならぬ」と伝えている。曹仁は、曹操の軍令を常に手元に置き、いちいち確認したので、失敗することがなかった。曹操軍が、曹操なしでも強力であった理由は、それぞれの将軍が『兵書接要』を持ち歩いて学び、さらには曹操の軍令に忠実に従った結果である。具体的事例を掲げよう。

建安二十（二一五）年八月、曹操が漢中に出征した隙を衝き、孫権は兵十万を率いて、張遼ら七千の将兵が守る合肥城におしよせた（図2-4）。このとき、護軍（軍目付）の薛悌は、曹操から「敵が来たら開けよ」と書かれた小箱を預けられていた。

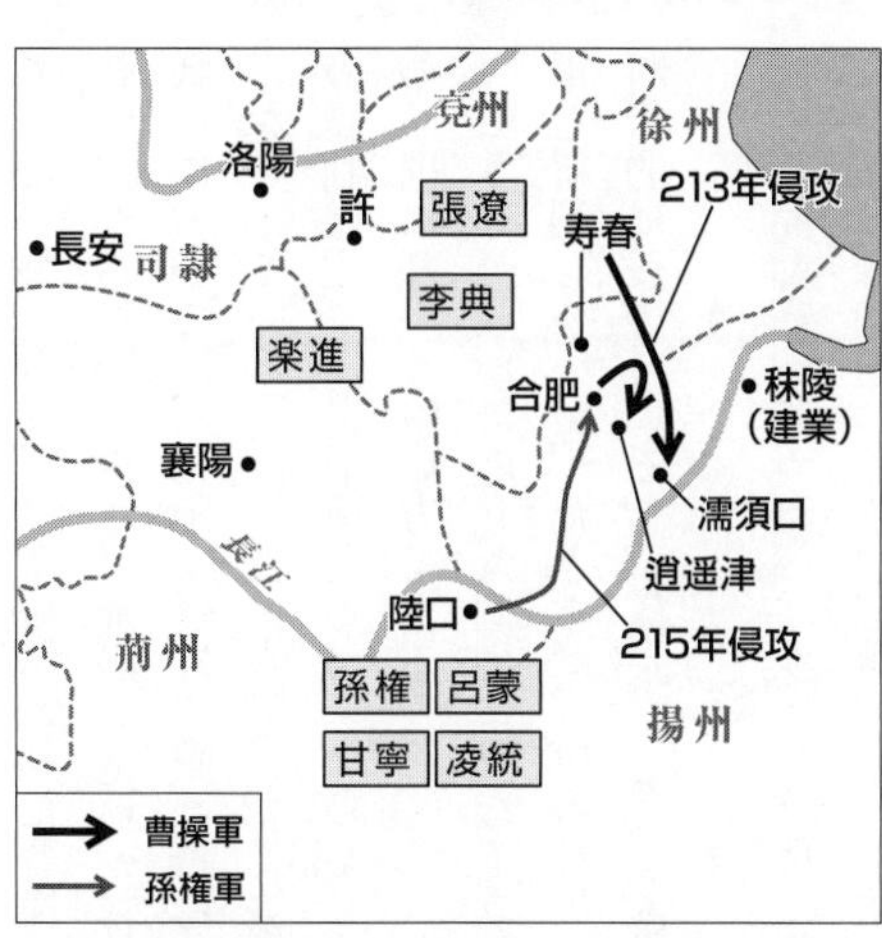

図2-4　合肥の戦い（渡邉義浩『三国志 運命の十二大決戦』祥伝社新書、所収地図をもとに作成）

> にわかに孫権が十万の兵衆を率いて合肥城を包囲したので、ようやく共に「教」を開いた。教には、「もし孫権が至れば、張・李将軍は出て戦え。楽将軍は護軍を守り、共に戦ってはならぬ」とあった。
>
> 『三国志』巻十七 張遼伝

孫権が来襲したので、みなで箱を開けて「教」を見ると、孫権が攻めてきたら、張遼と李典は出撃し、楽進は城に残って薛悌を守り、戦ってはならぬという軍令が入っていた。張遼らは、軍令に示された曹操の秘策に従い、わずか八百人の決死隊を選抜して、合肥城から討って出る。油断していた孫権軍は大敗を喫した。「変」が要求される具体的な戦いにおいては、指示を受けて戦う将にすら、曹操は策を明かさず、軍令を用いて直前に指示を与えている。『孫子』を基本としながらも、具体的な戦いでは軍令を用いるのは、「兵家の勝利は、（敵情に応ずるので）あらかじめ伝えることができない」（始計篇）という『孫子』の原則に基づく戦い方である。

こうした戦いに応じた個別に異なる具体的な軍令のほか、曹操は、平時から軍令により、軍を統制していた。たとえば、唐の杜佑が編纂した『通典』には、曹操の発した「軍令」が断片的に残っている。「歩戦令」という戦闘時の規定では、曹操は次のように述べている。

①一番太鼓が鳴ったら、歩兵と騎兵は共に装備を整える。二番太鼓で騎兵は馬に乗り、歩兵は隊列をつくる。三番太鼓で順次出発する。……早打ちの太鼓を聞いたときは、陣を整える。斥候は地形をよく観察したうえで、標識を立てて適切な陣形を定める準備をする。……戦場では騒がしくせず、よく太鼓の音を聞き、②合図の旗が前を指せば前進し、後ろを指せば後退し、左を指せば左、右を指せば右に進む。命令を聞かず、勝手に行動するものは斬る。隊伍〔五人小隊〕の中で③進まない兵があれば、伍長〔五人隊長〕

がこれを殺す。伍長の中で進まない者があれば、什長〔十人隊長〕がこれを殺す。什長の中で進まない者があれば、都伯〔百人隊長〕がこれを殺す。

『通典』巻一百四十九兵二

曹操の「歩戦令」は、先に検討した「孫武の練兵」を原則とする。そのうえで、「孫武の練兵」には含まれていない、太鼓と旗の使い方、標識を立てて陣を形良く布くための工夫といった、軍の具体的な運用法が述べられている。また、「孫武の練兵」では、孫武と二人の隊長しかいなかった軍に、「伍長・什長・都伯」といった部隊長が置かれ、それぞれが率いる兵の生殺与奪権を持つことで、命令どおりに進軍させることも述べられている。

それでも、①太鼓（軍鼓）により、また旗を使って②軍を前後左右に動かし、③命令に反するものを斬る、という軍の運用方法の基本は、「孫武の練兵」をそのまま継承している。曹操が『史記』に記される「孫武の練兵」を尊重して、自らの軍の運用方法の根幹に据えていることは明らかである。さらに「歩戦令」は、次のように続いている。

戦いに臨んでは、①歩兵と弩兵は陣から離れてはならない。②陣を離れているのに、伍長や什長が告発しなければ同罪とする。将軍の令がないのに、みだりに陣の間を行く者があれば斬る。戦いに臨んでは、③陣の騎兵はみな陣の両端の先頭にいるべきである。先鋒がいて、陣の騎兵が之に次ぎ、遊軍の騎兵は後陣にいる。令に違背すれば、髡刑（こんけい）〔髪を剃る刑罰〕に処し鞭（むち）で打つこと二百とする。④軍が進むのに、退いて陣の間に入る者は斬る。もし歩兵と騎兵が賊と対陣し、臨機応変に地の勢に利のあることを見て、騎兵だけが単独で進んで賊を討とうと思う場合は、⑤三回の太鼓の音を聞けば、騎兵は特別に両側の陣頭から進撃して戦い、旗の指す合図を見る。⑥三回の鐘の音を聞けば帰る。これは（騎兵が）単独で進んで戦う時のことをいっている。

『通典』巻一百四十九　兵二

曹操はこのように、軍令により行軍の具体的方策を定め、訓練していた。①歩兵と弩兵は隊列から離れてはならず、②隊列を乱してはならない。陣を組む場合には、③騎兵は順番に定められた通りに動く。また、戦いが始まれば、④退く者は斬られる。騎兵は有利と見れば、⑤軍鼓を合図として旗の合図に従いながら進み、⑥鐘の音を聞いたならば撤退することを条件に、単独で戦うことができる。『孫子』では、規定されていなかった弩兵や騎兵の動きは、曹操の軍令により明文化され、軍事訓練が行われていたのである。

あるいは、『孫子』には、全く言及されない船での戦いについても、曹操の「船戦令」が残っている。

船戦令に、「①一番太鼓が鳴れば、官吏も兵士も武装を整える。②二番太鼓が鳴れば、什長と伍長はみな船に乗り、櫓と棹を整えて持つ。戦士はそれぞれ武器を持って船に乗り、それぞれの配置につく。旗や太鼓は、それぞれの指揮系統に従って船に載せる。③三番太鼓が鳴れば、大小の戦船は順番に出発する。④左側の船は右に行くことができず、右側の船は左に行くことができず、船の前後は場所を変えられない。命令に違反する者は斬る」とある。

『通典』巻一百四十九 兵二

船の戦いも、太鼓と旗で命令を伝えることは変わらない。①一番太鼓で装備を整え、②二番太鼓で武器を携えて船に乗り、③三番太鼓で発進して、④陣形を整えたままで進む。曹操は、『孫子』に記述のない船の戦いについても、軍令によってその動かし方を定めていた。

このほか、曹操の「軍令」には、弩という対騎兵の主力兵器についての運用方法を論じたものもある。さらには、『太平御覧』〔宋の類書、百科事典〕に逸文が残る「魏武四時食制」では、各地の特産品や食べ物と特徴、およびその料理方法が記されている。曹操は本草学

〔漢方医学の基本となる草や木の医学的知識を修める学問〕の知識を通して、民間の医療ないし食糧事情までをもよく理解し、それを軍に伝えていた。

こうして曹操は、軍令により、平時の訓練から、個別の戦争や地域に応じた具体的な戦術までを詳細に指示したのである。

兵書接要

一方、曹操が多くの兵法書から抜き書きをしたという『兵書接要（兵書節要）』については、『太平御覧』に次の二条が残っている。

魏武の兵書節要に、「①孫子の司雲気（しうんき）と称するものは、雲ではなく、煙ではなく、霧ではなく、形は禽獣（きんじゅう）に似ている。客は吉で、主人は忌（い）む」とある。魏の武帝の兵書接要に、「大軍が出陣しようとするときに、雨が衣冠を潤す、これを②灑（れい）兵（へい）といい、その軍は慶事がある」とある。また、「三軍が出陣しようとするときに、その旗が垂れ下がって雨のようになる、これを③天露（てんろ）といい、三軍は兵を失う。陣を布（し）こうとするときに、雨が激しく降る、これを④浴尸（よくし）といい、先に陣を布いた者が敗れ滅びる」とある。また、「大将が行こうとするときに、雨が薄く降り、衣冠を濡（ぬら）さない、これを

⑤天泣といい、その将はたいへん凶で、その兵卒は散り滅びる」とある。

『太平御覧』巻八雲・巻十一雨下

一条目の①「孫子の司雲気」については、現行の『孫子』十三篇はもとより、出土した『孫臏兵法』にも該当する字句がなく、「司雲気」だけではなく、「孫子」が何を指すのかも明らかではない。分かることは、それが現れたときには、「客は吉で、主人は忌む」予兆となる、ということだけである。二条目は、「雨」に関する占いである。②「灑兵」の場合には、戦いが順調に進むことに対して、③「天露」の場合には、三軍が兵を失い、④「浴尸」の場合には、先に陣を布いた者が敗れ、⑤「天泣」の場合には、将は凶で兵は散り滅びる、という。

こうした兵法を「兵陰陽」という。『漢書』藝文志によれば、前漢の宗室である劉向が宮中で校書〔校勘しながら本を系統的に整理する〕を行った際に、兵書は任宏に任せて、「兵権謀」〔総合戦略〕「兵形勢」〔用兵術〕「兵陰陽」「兵技巧」〔兵器・武術〕の四種に分類させた。『孫子』十三篇と『孫臏兵法』などを含む『呉孫子兵法』八十二篇と『斉孫子』八十九篇、呉起の『呉子』四十八篇などは、「兵権謀」に属する。これに対して、「兵陰陽」とは、兵を発する際に時に従い、日の吉凶を推しはかり、北斗星の動きによって敵を討ち、五行相勝の原理〔万物が木↑金↑火↑水↑土の順序で移り変わるという思想〕に依拠し、鬼神の助けを借りる兵法である。兵陰陽は、合理的な『孫子』とは、正反対な立場にある兵法である。現行の『孫子』の中で、唯一「兵陰陽」的な思想を含む部分は、火攻篇の初めである。

書き下し文

火を発するには時有り、火を起こすには日有り。①時なる者は、天の燥けるなり〔四〕。②日なる者は、月の箕・壁・翼・軫に在るなり。凡そ此の四宿なる者は、風起こるの日なり。

〔四〕燥なる者は、旱なり。

現代語訳

火を放つには（適する）時があり、火を起こすには（適する）日がある。①時というのは、天気が乾燥しているときである〔四〕。②日というのは、月が箕宿・壁宿・翼宿・軫宿にあるときである。すべてこの四宿（に月がある）というものは、風が起こる日である。

〔四〕燥というものは、旱（という意味）である。

魏武注『孫子』火攻篇第十二

『孫子』火攻篇が、火攻に適する時と日として、空気が①乾燥している時を挙げるのは、合理的である。そこには、曹操も「燥」は「旱」という意味である、と注をつけている。これに対して、②月が箕宿・壁宿・翼宿・軫宿〔宿は星宿、星座のこと〕にあるときに、火を放つべきであるとするのは、「兵陰陽」の思想に近い。

注目すべきは、曹操がこれに注をつけないことである。『兵書接要』には占いの記事を抜き書きしているのであるから、曹操は「兵陰陽」の知識があり、それを諸将に配布する『兵書接要』に含めるほど重視していると考えてよい。それにも拘らず、『孫子』の軍事思想の特徴である合理性を守るために、曹操はここに注をつけない。『孫子』という書籍の特徴を深く理解し、それを尊重する注者としての姿勢を曹操が持っていることを理解できよう。それと同時に、『兵書接要』が、『孫子』で覆うことができなかった軍事思想を補うために著されたことも理解できよう。

このように曹操の軍事思想は、『孫子』を中核に置き、それを『兵書接要』で補い、「軍令」により具体的な戦術に落とし込んでいく、という原則と具体策の組み合わせから成ることに特徴を持つのである。

それでは、『孫子』そのものには、どのような特徴があるのだろうか。『孫子』を読むために必要となる、作者は誰で今日までどのように伝わり、誰の解釈に従って読むのか、という作業が長くなった（先秦の文献には、すべて必要な手続きである）。ここまでの考察を簡単に整理すると、春秋時代の孫武、戦国時代の孫臏を祖と仰ぐ「孫氏学派」が、孫武や孫臏の言葉を含みながら、春秋から戦国にかけて編纂してきた『斉孫子』などを、後漢末を生きた曹操が整理した現行の『孫子』十三篇を曹操の解釈である魏武注に従って読んでいく。これが、本書の『孫子』の読み方である。

第三章　戦いとは何か――兵なる者は詭道なり

1　国の大事

なるべく戦わない

孫武の『孫子』十三篇は、戦争というものが、いかに国家において重要なものであるのかを語ることから始まる。これ以降は、魏武注は必要なもの以外は省き、書き下し文も有名な文以外は省くことにする。

始計篇第一

孫子はいう、戦争というものは、国家の大事である。（民の）生死が決まり、（国家）

存亡のわかれ道であるから、よく洞察しなければならない。
そのため戦争（の可否）を①五事ではかり、②七計でくらべ、その実情を探る。

魏武注『孫子』始計篇第一

『孫子』軍事思想の第一の原則は、戦いに勝利を収めることを論ずる兵法書でありながら、なるべく実際の戦闘をしないよう説くことにある。このため冒頭から、戦争は、国家の大事であり、民の生死が決まり、国家存亡の岐路であると説く。そして、戦争をしないことに努めながらも、それでも戦争をする場合には、必ず勝つために①五事と②七計により、敵と自分との実情を合理的に判断する。五事と七計の内容については、次の第四章で見ていこう。

ここでは、『孫子』冒頭と呼応する火攻篇第十二の末尾を見よう。現行の『孫子』は、用間篇第十三が、最後の篇となっているが（表3-1「孫子十三篇の概要」を参照）、「銀雀山漢簡」では、火攻篇が最後に置かれている。それが正しい位置であることは、火攻篇の最後の文章が、次のように火攻めとは無関係に、始計篇の冒頭と呼応していることに明らかである。

利がなければ（軍を）動かさず、得るものがなければ（兵を）用いず、危険でなければ戦わない（やむをえずに兵を用いるのである）〔一二〕。君主は怒りにより軍を興してはな

表 3-1　孫子十三篇の概要

始計篇第一	開戦に先立ち、五事・七計について実情を比較して、勝算を判断すること、兵は詭道であることを説く。
作戦篇第二	戦争は莫大な財政負担を要するので、長期戦をせず、敵地の食糧など敵の資材を捕獲すべきことを説く。
謀攻篇第三	戦わずに敵に勝つことを理想とし、敵を知り己を知ることの必要性、君主が軍事に介入しないことを説く。
軍形篇第四	敵に勝つべき形を論じ、自軍は不敗の態勢、敵軍にはこちらが勝てる態勢を取らせる方法を説く。
兵勢篇第五	状況の変化という勢いに乗じて、敵軍に勝つべき方法を説く。
虚実篇第六	自軍の実により、敵軍の虚を討って勝つために、敵軍の実態を熟知し、自軍の実態を隠すことを説く。
軍争篇第七	戦場において有利な立場に立つことの重要性と危険性について論ずる。
九変篇第八	状況の変化に応じて、適切な対応策を取ることと、将軍の陥りやすい危険なことを掲げる。
行軍篇第九	各種の地形に応じて、敵軍の諸現象を観察し、敵軍の状況を察知すべきことを説く。
地形篇第十	敵味方の地形上の問題と、軍隊の中の上下の人間関係について論ずる。
九地篇第十一	九つの地形への対処方法を説き、なかでも死地に兵士を投じて最大の戦力を発揮させることを重視する。
火攻篇第十二	五種類の火攻めの方法を説明し、注意点を述べる。戦争は、やむをえない場合にのみ行うことを説く。
用間篇第十三	勝利のためには敵情を知る必要があり、そのために間者が重要であることとその活用方法を説く。

らず、将は恨みにより戦いを行ってはならない。利にかなえば動き、利にかなわなければ止める（自分の喜怒により兵を用いないのである）。怒りはまた喜ぶことができ、恨みはまた悦ぶことができるが、①亡国は再び存在できず、②死者は再び生き返らない。そのため③明君は戦争を慎重にし、④良将は戦争を戒める。これが国を安寧にし軍を保全する原則である。

［一二］やむをえずに兵を用いるのである。

魏武注『孫子』火攻篇第十二

ここでも『孫子』は、確実な利や得るものがなければ、あるいは余程の危険がなければ戦争を起こしてはならない、と主張している。それは、魏武注が「やむをえずに兵を用いる」と解釈するとおりである（なお、魏武注は、なるべく本文に括弧つきで組み込んでいる）。そして、最後に①亡国②死者が二度とは生き返らないと述べることは、始計篇の冒頭部で戦争を「（民の）生死が決まり、（国家）存亡のわかれ道」となる、と述べていることに呼応している。

そして、③明君とは戦争を慎重にするものであり、④良将とは戦争を戒めるものである、という主張は、戦争の方法を指南する兵家の冒頭や結論に掲げるものとしては、矛盾といわざるをえない。それほど戦うのが嫌なのであれば、戦い方を指南しなければ良いのである。

戦い方を説く兵法書が、戦わないことを理想とするのは、『孫子』が対抗すべき思想に、戦うべきではない、と強く主張するものがあったことを想定させる。それが、『呉子』と『孫臏兵法』に大きな影響を与えている儒家と、儒家の主張を先鋭化しながら激しく儒家に対抗し、『孫子』にも影響を与えた墨家である。

戦うべきではない

先に『孫臏兵法』のところで触れたように、『孟子』は「春秋に義戦無し」と説いていた。王道（おうどう）政治を理想とする『孟子』は、覇者の行う戦争を否定した。このため、「春秋の五覇」の争いあう春秋時代には、天命を受けた王者の戦いである義戦がないとしたのである。

これに対して、儒家よりも徹底的に戦争を否定したものが墨家である。墨子（ぼくし）は儒家の仁を別愛と批判し、無差別平等の愛である兼愛（けんあい）を説く。『墨子』非攻篇（ひこうへん）は、兼愛思想に基づき、次のように戦争を否定する。

> 一人を殺せば、これを不義（ふぎ）といい、必ず一つの死罪がある。この説を推論するならば、十人を殺せば不義は十倍となり、必ず十の死罪がある。百人を殺せば不義は百倍となり、必ず百の死罪がある。このようなことは天下の君子はみな知っており、殺人を不義であ

るという。（ところが）いま大いに不義をなして国に攻めるに至ると、それを非難することを知らない。侵略を褒めて、これを義という。まことに侵略戦争が不義であることを知らないのである。

『墨子』非攻篇上

『墨子』は、人としてのあり方、倫理観をもとに戦争を不義であるとする。今日も続く、侵略戦争を否定する、人道的な主張である。これに対して、『孫子』は、第3節で詳述するように、戦争を「詭道」（騙しあい）であるとする。人として正しいことは、戦争の勝利には繋がらない、というのである。もちろん、『墨子』は、不義の戦争を否定しているのであり、不義だと勝てないと述べているわけではない。だが、事実として墨子集団は、不義を犯して攻め込んで来る軍から、都市を守って多くの勝利を挙げたという。

儒家の『孟子』が覇者に数える宋の襄公は、楚との戦いに際して、敵が陣を布かないうちに攻めることを勧めた子の目夷に対して、「人が困っている時に苦しめてはいけない」と述べて攻めず、陣を整えた楚に大敗した（『春秋左氏伝』僖公伝二十二年）。ここから「宋襄の仁」という故事成語が生まれたように、人として正しいことは、戦争の勝利には直結しない。『孫子』の『墨子』への反論は、戦争の勝敗に関してだけいえば、成立していると考えてよい。

さらに、『墨子』非攻篇は、倫理的な側面だけではなく、経済的な側面からも、戦争を起こすべきではないことを次のように述べている。

いま試みに戦争の支出を計算してみると、矢だね・旗指物(はたさしもの)・天幕(てんまく)・甲冑(かっちゅう)・楯や剣・戦車など、戦争で使ってぼろぼろになるものが数えきれない。肥えていた牛・馬も、(戦争に行けば)痩(や)せこけ、死んで戻ってこないものも数知れない。補給線が長いために、糧食輸送は滞(とどこお)り、飢えて食べられず、兵士の死ぬ者も数えきれない。(激戦となれば)軍隊で全滅するものも数知れず、死者の魂(たましい)は宿る場所もない。君主が(開戦という)政事を判断することで、民草(たみくさ)の財産と用途を奪い、民草の利益を無駄にすることは、このようにたいへん多い。それなのに、「なぜ戦争をするか」と聞くと、(君主は)「わたしの名誉と利益を得るために戦争をする」と言うのである。

『墨子』非攻篇中

『墨子』が説く、戦争による経済的負担の問題は、『孫子』に継承される。もちろん、そのために『孫子』が戦争を否定することはない。だが、第六章で検討するように、『孫子』は、戦争による経済の破綻を重視し、軽々しく戦争を始めるべきではないと強く主張する。そこには、『墨子』非攻篇の影響を見ることができよう。戦争は「国の大事」なのである。

儒家・墨家のほか、名家〔論理学者〕もまた、戦争を否定した。宋鈃や尹文は、侮辱されてもそれを恥辱と思わなければ、自然と戦争は止むという非闘説を論拠に、侵略戦争を否定し、軍備撤廃を主張した。しかし、どの思想も戦争を止めることはできなかった。

春秋時代には三百以上もあった邑〔都市国家〕が、「戦国の七雄」という七大国へと収斂され、やがて秦によって中国が統一される。換言すれば、二百数十の国が、一国を除いてすべて滅ぼされるという時代状況の中で、やがて儒家も墨家も戦争を容認していく。

容認される戦い

『孟子』の義戦論は、王の命令による義戦ではない戦いを否定することで、戦争を止めようとした。義戦を肯定したのは、儒教の理想とする周の武王が、放伐〔武力による討伐〕により殷の紂王を討ち、周を建国したことを正統化するためであった。その際、殷の紂王は、王ではなく「一夫」〔ひとりの男〕とされ、武王は自分の君主ではなく、「一夫」の紂を討って、周を建国したと認識された。このため、義戦論に依拠すれば、武王の子孫である周王がなお権威を保っていた春秋時代に力を持った覇者は否定できた。ところが、晋への趙・魏・

韓の下克上を認め、周王が自ら権威を失墜させていく中で、戦国の君主が王を称するようになると、王の戦いを『孟子』は否定できなかった。

また、『墨子』も、打ち続く戦いの中で、次のような戦争は認めざるをえなかった。

> （周の）武王は①狂夫を攻め、商（殷の自称）を平定した。天は武王に黄鳥の旗を賜り、士気を鼓舞した。こうして武王は殷に勝ち、天帝からの賜り物である大業を完成した。……そこには、私欲をほしいままにして他国を侵略する心は微塵もなく、すべては天に代わって商王の紂を誅②しただけであった。
>
> 『墨子』非攻篇下

このように『墨子』も、周の武王が殷の紂王を武力で②「誅」したことは肯定する。その際、紂王は王ではなく一人の①狂夫であった、という論理構成は、『孟子』と同じである。『墨子』のこの主張が、『孟子』の影響を受けていることを理解できよう。『墨子』が戦争を容認する「誅」という戦い方は、『孟子』の義戦と同質である。したがって、「誅」を容認すれば、『孟子』と同じように戦争を止められないことになる。

ただ、『墨子』は、『孟子』よりも、戦いを止める意識が強かった。それが「救」の積極的な発動である。

今もし信義を掲げて、天下の諸侯に利を与える者があり、大国の不義にはこれを憂い、大国が小国を攻めたときにはこれを救い、小国の城郭に不備があればこれを修め、衣料や食糧が乏しければこれを運び、祖先に捧げるものが乏しければこれを供える。こうして大国と交われば、小国は喜ぶであろう。

『墨子』非攻篇下

『墨子』はこのように説いて、大国に攻撃される小国を「救」おうとした。しかもそれは、単なる理念に止まらなかった。墨家は集団として小国に赴き、城邑の防衛戦に参加した。『墨子』の最後の巻は、備城門・備高臨・備梯・備水・備突・旗幟・号令・雑守などの各篇から成る「兵技巧書」となっており、守城に関する技術・兵器が説明され、城を守るための戦術が示される。「墨守」という言葉の由来となる固い防衛は、戦争を否定するために行われた。

墨家が、戦争を否定するために戦争をするという状況を「矛盾」という言葉で片づけられるほど、戦国時代の社会情勢は甘くはなかった。兼愛を中心思想とし、非攻を説いた墨家ですら、戦いのための武器の創設や戦術の練成を指向していかざるをえないほど、戦乱が渦巻いていたのである。

こうした状況の中で『孫子』は、戦争が「国の大事」であることを説き、それに勝つためにすべての思考を集中させていく。

2　戦わないためには

百戦して百勝するは、善の善なる者に非ざるなり

『孫子』は、なぜ戦うのかという戦争目的を述べる際に、逆説的ではあるが、戦わないことが最善であると主張することから始める。それは、『孫子』謀攻篇に次のように示される。すでに第二章で短く引用したが、省略せずにもう一度、有名な文であるため書き下し文に魏武注も附して掲げよう。

書き下し文

謀攻第三〔一〕

孫子曰く、「凡そ兵を用ふるの法は、国を全くするを上と為し、国を破るは之に次ぐ〔二〕。

軍を全くするを上と為し、軍を破るは之に次ぐ[三]。旅を全くするを上と為し、旅を破るは之に次ぐ[四]。卒を全くするを上と為し、卒を破るは之に次ぐ[五]。伍を全くするを上と為し、伍を破るは之に次ぐ[六]。是の故に百戦して百勝するは、善の善なる者に非ざるなり。戦はずして人の兵を屈するは、善の善なる者なり[七]。

[一] 敵を攻めんと欲すれば、必ず先に謀る。

[二] 師を興さば深く入り長駆して、其の都邑に拠り、其の内外を絶ち、敵の国を挙げて来服するを上と為す。兵を以て撃破して之を得るを次と為すなり。

[三] 司馬法に曰く、「万二千五百人を軍と為す」と。

[四] 五百人を旅と為す。

[五] 校より以上、百人に至るなり。

[六] 百人より以下、五人に至るなり。

[七] 未だ戦はずして敵自ら屈服す。

現代語訳

謀攻篇第三[一]

孫子はいう、およそ兵を用いる方法は、（敵の首都を急襲して）国を丸ごと取ることを上策とし、（兵を用いて敵国の）軍を討ち破るのは次善である[二]。（敵の）軍を丸ごと取

魏武注『孫子』謀攻篇第三

［一］敵を攻めようと思えば、必ず先に智謀をめぐらす。

［二］軍を興せば（敵地に）深く入り長距離を行軍して、敵の都を占拠し、敵の都と国の内外を遮断して、敵が国をあげて降参し帰属することを上とする。兵を用いて（敵軍を）撃破して占領することはその次とする。

［三］『司馬法』に、「一万二千五百人を軍とする」とある。

［四］五百人を旅とする。

［五］（卒は）校より以上（の規模）で、百人に至るものである。

［六］（伍は）百人より以下で、五人に至るものである。

［七］まだ戦わずに敵が自ら屈服することである。


ることを上策とし、軍を討ち破るのは次善である［三］。（五百人からなる）旅（りょ）を丸ごと取ることを上策とし、旅を討ち破るのは次善である［四］。（百人の）卒（そつ）を丸ごと取ることを上策とし、卒を討ち破ることは次善である［五］。（五人の）伍（ご）を丸ごと取ることを上策とし、伍を討ち破ることは次善である［六］。このため①百戦して百勝することは、最善ではない。②戦わずに敵の軍を屈服させるのが、最善である［七］。

『孫子』の軍事思想の第一の原則は、戦いに勝利することを論ずる兵法書でありながら、なるべく実際の戦闘をしないよう説くことにある。それを象徴する言葉が①「百戦して百勝するは、善の善なる者に非ざるなり」である。百戦百勝したとしても、戦争による財政破綻は免れない。また、火攻篇の最後に述べていたように、戦争による死者は再び生き返ることはなく、亡国は再び存在できない。そのために『孫子』は、冒頭の始計篇から、戦争が国家の大事であり、民の生死が決まり、国家存亡の岐路である、と説いているのである。

戦争を否定する『墨家』が積極的に戦いに参加するのに対して、兵家の『孫子』が戦わずに勝つことを最善とすることは興味深い。『墨家』が非攻を説きながら戦うことを矛盾として捨てておかないのと同様に、『孫子』がなぜ、戦わないことを最善の戦いとするのかについて考えていくと、『孫子』の兵法の真髄に近づく。

ここには、なぜ戦うのか、という根源的な問いかけがある。『孟子』は侵寇する側の正義を追究して「義戦」論を説いた。だが、正義は相対的である。このため『墨子』は、侵寇そのものを絶対的な悪と考え、侵寇された者を守ることで「非攻」を貫こうとした。これらに対して『孫子』は、戦いを善悪により判断しない。戦いは、すでに現実として存在する。そこで戦いの目的を突き詰めていく。そのことにより『孫子』は、戦いの目的を相手国の蹂躙（じゅうりん）や人間の殺害に求めない。相手を自分に従わせることを戦いの目的と考え、相手をなるべく傷つけずに自分に従わせようとする。それが②「戦はずして人の兵を屈するは、善の善なる者なり」という表現となっているのである。

それでは、具体的にどのようにすれば、戦わずに敵の軍を屈服させることができるのであろうか。謀攻篇の続きを読んでいこう。

謀を討つ

謀攻篇は、具体的な兵の用い方を四種に分類して、その優先順位を次のように述べている。

そのため兵の用い方の上策は、（敵の）①謀略（ぼうりゃく）を（その計画し始めた段階で）討つことであり[八]、その次は（戦争が）②ちょうど始まろうとする出端（でばな）を討つことであり、その次は③（整った陣の）兵を討つことであり、下策は④城を攻めることである。城を攻めるという方法は、やむをえずに採るものである。櫓（ろ）や轒轀車（ふんうんしゃ）を修治し、（飛楼（ひろう）や雲梯（うんてい）などの）攻城兵器を準備するのは、三ヵ月もかかってはじめてでき、土塁の土盛りはさらに三ヵ月かかる[一二]。将が（攻城兵器が整うまで）その怒気をおさえきれず、蟻（あり）のように（城壁に兵卒を）よじ登らせれば、兵士の三分の一を戦死させ、しかも城が落ちないのは、これが城を攻める害である。

⑤このためよく兵を用いる者は、敵の兵を屈服させても、戦闘したのではない。敵の城を落としても、攻めたのではない。敵の国を滅ぼしても、長くは軍を露営させない。必ず完全な形で（敵を得て）天下と（勝利を）争う。そのため兵は疲弊せず（戦いに）利があり（国を）全うできる。これが（敵を攻めようと思うのであれば、必ず先に智謀をめぐらす）謀攻の方法である。

［八］敵が謀略を始めたばかりであれば、これを討伐するのは容易である。

［一二］修は、治である。櫓は、大楯である。轒轀というものは轒牀車のことである。轒牀車はその下に四つの車輪があり、中からこれを推して城（壁の）下に至るものである。具とは、備である。器械というものは、機関や攻守（のための兵具）の総称で、飛楼や雲梯の類である。距堙というものは、土を盛り上げ高く前に積んで、敵の城壁につけるものである。

魏武注『孫子』謀攻篇第三

戦わずに敵の軍を屈服させるという課題に対する『孫子』の答えは明確である。兵の用い方として上策である、①謀（謀略）の段階で敵を討てば、戦わずに敵を屈服させられる、というのである。ただし、謀を討つための具体策について、歴代の注家の見解は割れる。曹操は、［八］「敵が謀略を始めたばかりであれば、これを討伐するのは容易である」と述べ、敵がまだ謀略を始めたばかりで実際に軍を動かさないうちに、先制攻撃をかける、と解釈している。これに対して、北宋の張預は、奇策により戦わずに勝利を収めることが兵の用い方の上策である、という説を伝える。『孫子』の思想としては、これが妥当であろう。後半部分に、⑤「このためよく兵を用いる者は、敵の兵を屈服させても、戦闘したのではない」と言っているのは、先制攻撃を上策と考えていないことの証である。

敵が攻撃の計画をしている間に、外交策や離間策などの奇策をめぐらし、実際の戦いを起こさせないようにする。それが、「戦はずして人の兵を屈するは、善の善なる者なり」と説く『孫子』の兵法の原則である。ただ、常にそれが実現できると考えるほど、『孫子』は甘くない。このため、次善の策、その次、そして最低の避けるべき下策までを提示する。

『孫子』は、①謀（謀略）を討てなかった場合の次善の策として、戦いが②ちょうど始まろうとする出端を討つことを述べる。これが先制攻撃である。③整った陣の兵を討つことは、もはや勧められることではなく、④城を攻めることは下策である。城を攻めることがいかに犠牲を伴うかについての記述は、具体的で興味深い。曹操も［一二］で懸命に説明しているが、明の茅元儀が天啓元（一六二一）年に編纂した兵法書『武備志』に掲げられる「轒轀車」の図（図3-1）だけ掲げておこう。唐の李筌によれば、轒轀車は四輪車で、下に兵が

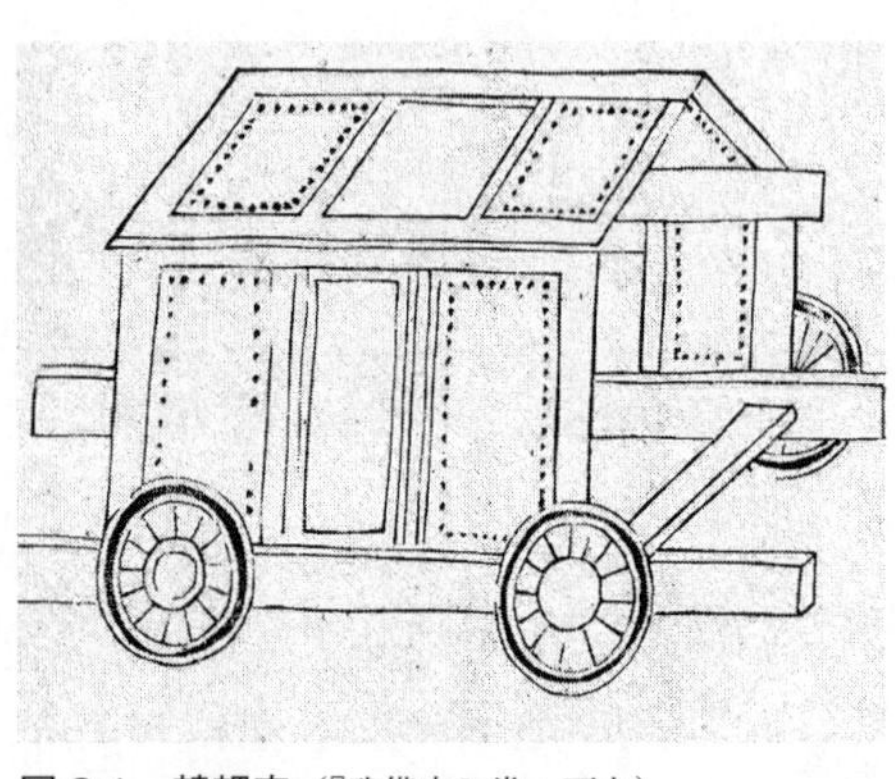

図 3-1　轒輼車（『武備志』巻一百九）

数十人入ることができ、押して進んで城壁の近くに接近するためのものである、という。

城攻めは、下策であるため、なるべく取るべきではない。『孫子』は、続く文章で城攻めのような包囲策は、敵の十倍の兵力が必要であることを説く。すでに掲げた「兵を用いる方法は、（自軍が）十倍であれば敵を包囲し、五倍であれば敵を攻撃し、二倍であれば（自軍を正兵と奇兵に分けて）敵を分け（て対応させ）、匹敵すれば（奇兵や伏兵を設けて）よく戦い、少なければ敵から守り、及ばなければ敵を避ける」という文章である。魏武注は、「操が二倍の軍によって下邳を包囲し、呂布を生け捕りにした」と自らの功績を誇っているが、『孫子』の原則とは合致しない兵の運用といえよう。

3　悪の肯定

兵なる者は詭道

『孫子』は、戦争の基本的性格を「詭道」、すなわち騙しあいである、と断言する。これが『孫子』の軍事思想の第二の原則である。それは『孫子』始計篇に、次のように示される。これも有名な文であるため、書き下し文・魏武注と共に掲げよう。

書き下し文

①兵なる者は、詭道なり〔一七〕。故に能にして之に不能を示し、用にして之に不用を示し、近くして之に遠きを示し、遠くして之に近きを示す〔一八〕。利して之を誘ひ、乱して之を取り、実にして之に備へ〔一九〕、強にして之を避け〔二〇〕、怒にして之を撓し〔二一〕、卑にして之を驕らしめ、佚して之を労し〔二二〕、親しみて之を離かつ〔二三〕。其の備無きを攻め、其の③不意に出づ〔二四〕。此れ②兵家の勝は、先に伝ふ可からざるなり〔二五〕。

〔一七〕常形無く、詭詐を以て道と爲す。

〔一八〕進みて其の道を治めんと欲す。韓信の安邑を襲ふや、舟を陳べ晉に臨み夏陽より渡るが若きなり。

〔一九〕敵の治実つれば、須らく之に備ふべし。

〔二〇〕其の長ずる所を避くるなり。

〔二一〕其の衰懈を待つなり。

〔二二〕利を以て之を労す。

〔二三〕間を以て之を離かつ。

〔二四〕其の懈怠を撃ち、其の空虚に出づ。

〔二五〕伝は、猶ほ洩のごときなり。④兵に常勢無きは、水に常形無きがごとし。敵に臨みて変化すれば、先に伝ふ可からざるなり。故に敵を料るは心に在り、機を察するは目に在るなり。

現代語訳

①戦争というものは、詭道（常なる形はなく、偽り欺くことを原則とするもの）である〔一七〕。それゆえ能力があっても敵にはないように見せかけ、（武を）用いることができても敵にはできないように見せかけ、近くにいても敵には遠くにいるように見せかけ、遠くにいても敵には近くにいるように見せかける〔一八〕。利により敵を誘い、乱して敵より奪い取り、（敵が）充実しているときはそれに備え〔一九〕、強いところはそれを避け〔二〇〕、怒濤の勢いのときはそれを攪乱し（衰え怠ることを待ち）〔二一〕、卑弱により敵を驕らせ、（自らが）楽なときは（利により）敵の労を待ち〔二二〕、（敵が）親しみあっているときは（間諜により）それを分裂させる〔二三〕。（こうして）敵の備えのない（衰え怠ってい

る）ところを攻め、敵の（空虚の）不意をつく［二四］。このため②兵家の勝利は、（敵情に応ずるので）あらかじめ伝えることができない［二五］。

［一七］（戦争は）③常なる形はなく、偽り欺くことを原則とする。

［一八］（遠くから）進んで近づくための道を制圧しようとするのである。（漢の将軍である）韓信が安邑を襲ったとき、（囮となる）船を並べて晋に臨み（その間に）夏陽より（伏兵を）渡らせたようなものである。

［一九］敵の統治が充実していれば、これに備えるべきである。

［二〇］その長所を避けるのである。

［二一］その衰え怠ることを待つのである。

［二二］利により敵を労するのである。

［二三］間諜により敵を分断する。

［二四］敵の衰え怠っているところを攻撃し、敵の空虚なところをつくのである。

［二五］伝は、洩らすというような意味である。④戦争には常なる勢がないことは、水に常なる形がないようなものである。敵に臨んで変化するので、先に伝えることはできないのである。このため敵を謀るのは心にあり、機を察するのは目にある。

魏武注『孫子』始計篇第一

『孫子』は、戦争の基本的な性格を①詭道である、と定義づける。敵に勝つためには、真っ当なやり方、正道ではなく、敵を騙す詭道が必要がある、というのである。ただし、詭道とは、単に相手を騙すことではない。曹操は「詭道」に、戦争には③常なる形はなく、偽り欺くことを原則とする、と注をつけている。実際とは違うような軍の形を見せて、相手に自軍の実態を探らせないようにする。それが詭道である。また、曹操は、④兵に常なる勢がないことは、水に常なる形がないようなものである、とも注をつけている。水に形がないように軍にもいつも同じ形勢を持たないようにして、相手に自軍の形勢を探らせないようにすること、これも詭道である。

　こうした曹操の詭道への解釈の根拠となる、（道には）③「常なる形がな」いという理解は、たとえば『史記』巻百三十 太史公自序(たいしこうじじょ)に見える黄老思想と同質であり、また、（兵には）④「常なる勢」がないとする理解は『淮南子(えなんじ)』兵略訓(へいりゃくくん)にも見える黄老思想を背景に持つ。これに対して、同じく「詭道」に注をつけながらも、北宋の張預(ちょうよ)は、「軍隊を用いることは仁義(じんぎ)に基づくが、具体的な戦いでは偽り欺くことにより勝利をする」と述べ、軍隊はあくまで仁義に基づくべきである、と儒教に基づき解釈する。これと比較すると、魏武注『孫子』は、儒教ではなく、黄老思想に基づき『孫子』に注をつけていることが分かる。それは、『孫子』

そのものに『老子』との深い関係性を認める曹操が、それに寄り添った注をつけた結果である。これは魏武注の特徴の一つであった。

詭道の具体的な事例として『孫子』は、敵に能力や武力がないように見せかけ、距離を偽り、利により敵を誘い、敵を見出し、強い敵を避けて敵を驕らせ、敵の労を待ち、敵を分裂させて、敵の不意をつくべきことを説く。そして、②兵家の勝利は、（敵情に応ずるので）あらかじめ伝えることができない、と結論づける。

すなわち、『孫子』は、現実に置かれた敵味方の実態に対して、「詭」によって条件をつくり替える臨機応変な対応を重視しているのである。それにより、何とか敵の裏を掻こうとする、そのための行動様式を記したものが、武田信玄の旗印としても有名な風林火山である。

風林火山

日本では、「風林火山」という四字熟語とされた軍隊の行動様式であるが、『孫子』軍争篇では、次のように「陰」と「雷霆」が加わる六種の形で表現されている。

そのため①軍隊は詐術により成り立ち、（自軍の）利によって動き、（敵により）分散集合して変化するものである。そのため（敵の空虚なところを討つ）兵の速いことは②風のよ

図 3-2　「風林火山」の旗

うで、兵の整っていることは林③のようで（敵に利を見せず）、（敵をはやく）侵略することは火④のようで、（守り）動かないことは山⑤のようで、知られにくいことは陰⑥（かげ）のようで、動くことは雷⑦のようである。（敵の）郷里を掠（かす）めて兵を分散させ、戦地を広げて敵の利を分散させ（奪い）、敵を（兵や利を）はかって動き、先に遠近の計を知る者は勝つ。これが軍争（ぐんそう）の法である。

魏武注『孫子』軍争篇第七

『孫子』は、①「軍隊は詐術（さじゅつ）により成り立つ」という。戦いは詭道であるため、その遂行主体である軍隊も詐術を必要とする。具体的には、敵の裏を掻き空虚なところを②「風」のように速く撃ち、自軍は③「林」のように整えて敵に利を見せず、④「火」のように敵を侵略し、⑤「山」のように動かずに守り、⑥「陰」のように自軍を知られず、⑦「雷霆（らいてい）」（訳文では雷）のように動いて敵に打撃を与えるのである。

『孫子』は、その内容だけでなく、文章の美しいことでも評価が高い。ここでは、②から⑦の六つの比喩により、軍隊が詐術により成り立ち、自分を見せず、敵を突然攻撃することを表現している。ただ、⑦だけ「雷霆」と二文字になっており、他の字句とあわない。武田信玄が陰と雷霆を入れなかったのは、このあたりに理由があるのかもしれない（図3-2）。ちなみに、二〇〇八年に公開された映画『レッドクリフ』では、周瑜が曹操の指揮船に自分の船を体当たりさせるとき、「雷霆の如く」と言っている。正しい使い方であるが、「風林火山」の続きを知る人が少ない日本の視聴者には、分かりにくかったかもしれない。

こうした文学的な表現により、戦いが騙しあいであることを表現した『孫子』の文章としては、次に掲げる九地篇の最後の文章の方が有名であろう。

始めは処女の如く、後には脱兎の如し

『孫子』九地篇は、九種類の地形の違いに応じた戦法を説く篇であるが、内容が錯綜しており、最後の段落は、九地とは関係がない。しかも、最後の一文が有名なわりには、段落全体に脈絡がなく、文章ごとの繋がりも悪い。

実は、『孫子』の文章は、曹操の校勘を経ているとはいえ、テキストに乱れが多く、「銀雀

山漢簡」の発見によっても、さほど乱れを正すことはできなかった。それは、先秦の文献にはよくあることで、たとえば『墨子』は本文の乱れがひどく、王念孫・畢沅・孫詒譲といった清朝考証学者の懸命な努力により、ようやく読めるようになった。乱れが少ない儒家の『論語』であっても、意味が通らない章がある。

そうしたテキストの事情を知るためにも、ここではあえてそのまま引用する。本書の現代語訳は魏武注を（　）で補っているが、魏武注がないのに（　）をつけた部分は、前後の繋がりが悪く、意味の取りづらい箇所である。（　）を抜かして読んでみると、『孫子』の難しさと、中国や日本で多くの注、すなわち解釈がつけられた理由を窺うことができよう。

そのため宣戦布告の日には、関門を閉め（通行手形の）割符を折り、敵国の使者の通行を禁じ［六一］、廟堂に（臣下は）参集して、戦略を練る［六二］。敵が（隙を見せて）門を開ければ、必ず急いでそこに入る［六三］。敵が重視する地を先に（奪取）して［六四］、（敵より遅れて出撃し、先に戦地に至るため）ひそかに（敵と）近づき［六五］、原則どおりに敵に対応し（ながらも常なく）、戦争のことを決する［六六］。そのため（戦う際には）始めは（自軍を弱く見せるため）処女のようにすれば、敵は隙を見せる。その後は脱兎のように（迅速に攻撃）すれば、敵が防いでも及ばない［六七］。

〔六一〕謀略が定まれば関門を閉じ、（通行手形の）割符を絶ち、（敵国の）使者を通行させてはならない。
〔六二〕誅は、治である。
〔六三〕敵に隙があれば、急いでそこに入るべきである。
〔六四〕（敵が重視するところを先に攻撃するのは）利益になるためである。
〔六五〕敵より遅れて出撃し、敵より先に戦地に至る。
〔六六〕原則どおりに行うが、常はないようにする。
〔六七〕処女は（自軍が）弱いことを示し、脱兎は行くのが速いことである。

魏武注『孫子』九地篇第十一

このように、段落全体の文脈は捉えにくい。文章がいくつか欠落していると説く学者も多い。ただ、全体として意味が取れないことはなく、要するに言いたいことは、最後の一文にある。それを日本では「始めは処女の如く」「後には脱兎の如」し、とよく用いるが、本来はこのように少し離れた二つの句である。そこでの主張は、自軍の強さを欺くために処女のように弱く見せて敵の隙を誘い、脱兎のように迅速に攻撃すれば、敵を破ることができる、というものである。「兵は詭道である」という『孫子』の軍事思想の原則が、表現を変えて何度も主張されているのである。

4 呪術からの解放

兵陰陽の魅力

兵家の分類で『孫子』は、すでに述べたように兵権謀に属する。これに対して兵陰陽は、兵を発するときに良き「時」に従い、日や軍の吉凶を占い、北斗星の動きに応じて敵を討ち、鬼神の助けを借りる兵法である。呪術と総称してもよい。その中心に置かれる鬼神への信仰は、春秋時代にはとても厚かった。たとえば、「非攻」を説いた墨家は、「兼愛」の論拠として「明鬼」説を主張する。明鬼説では、鬼神はこの世に実在し、人々の行う善悪を知り、行った善悪に応じて人々に賞罰を下す存在とされる。その際の善が兼愛であり、人々は兼愛を実践することにより鬼神の賞を受けられると墨家は説いたのである。

また、日本語の「敬遠」の語源となっている孔子の言葉は、『論語』に、「子曰く、「民の義を務め、鬼神を敬して之に遠ざく。知と謂ふ可し」」（『論語』雍也篇）とある。孔子は、あるいは孔子の口を借りた儒家は、鬼神信仰の広がりに対して、それを敬して遠ざけることにより、人間としての倫理観を涵養しようとしたのである。

戦争は、人の生死に直結する。人は本能として死に恐怖を感じるので、何かに縋りたい。戦いに際して、鬼神に祈る兵法があるのは、当然のことであろう。そして同様の理由から、戦いに際して、吉凶を占うことで背中を押してもらうことも多い。先ほど「轒轀車」の図を掲げた明の茅元儀が編纂した『武備志』には、戦いに際して行われた様々な占いが、網羅的に収録されている。

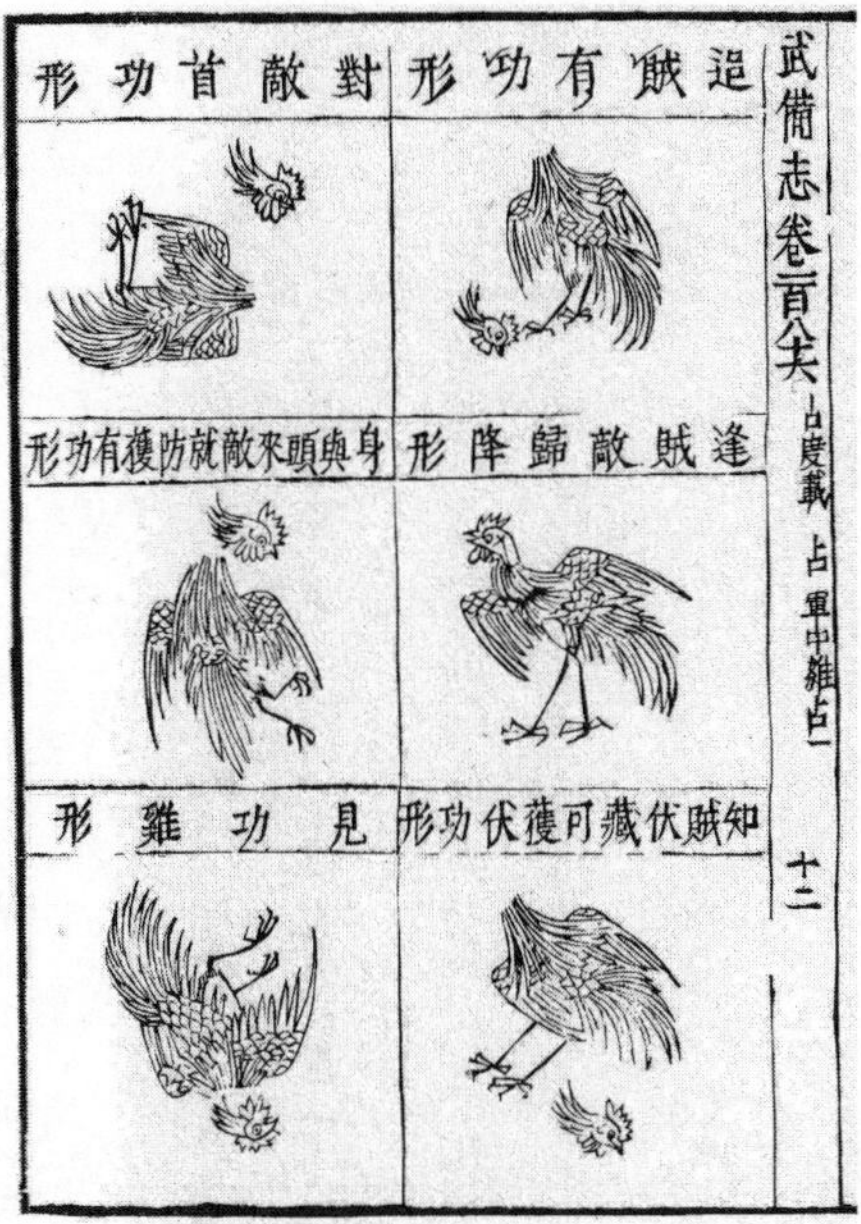

図3-3　軍中雞占（『武備志』巻二百八十六）

たとえば、出陣の際に犠牲として鶏の首を斬り、その首がどちらの方角に飛び、血がどのように流れ、目を開けているか否かなど鶏の状態により、戦いの行方を占う方法もある。図3-3では、右上のような形で鶏の首が飛んだ場合には、「賊を追って功が有る形」である、と説明が記されている。

『孫子』は、こうした鬼神や占いなどの呪術と一線を画す。春秋・戦国時代としては、きわめて合理的で先進的な思想といえよう。

呪術を禁ずる

『孫子』の軍事思想の第三の原則は、戦争を呪術から解放したことにある。

戦争が呪術に基づくことを直接否定する言辞は、『孫子』の中に二ヵ所に見られる。九地篇で、兵を死地（しち）に追い込みながら、全力を尽くして戦わせることを述べる中で、兵士の心を動揺させない方法として、『孫子』は次のように述べている。

①（怪しげな）まじないの言を禁じて、疑惑（の計略）を捨て去れば、死に至るまで心を動揺させない〔三〇〕。自軍の兵に（物を焼いて）余分な財産がないのは、財貨（の多いこと）を嫌っているわけではない。余命がないのは、長生きを嫌っているわけではない（やむをえないのである）〔三一〕。（決戦の）軍令が発布された日、兵の座っているものは涙が襟（えり）をぬらし、横になっている者は涙が首を伝う（のは必ず死ぬと推しはかるためである）〔三二〕。こうした兵を退路なきところに投入すれば、専諸（せんしょ）や曹劌（そうけい）のような勇を持つ。

〔三〇〕②怪しげなまじないの言を禁じて、疑惑の計を捨て去る。

〔三一〕みな物を焼くのは、財貨の多いことを憎むからではない。財を捨て死に赴くのは、やむをえないからである。
〔三二〕みな必ず死ぬと推しはかるためである。

魏武注『孫子』九地篇第十一

『孫子』は、兵士たちに①占いや迷信を信ずることを禁止すれば、死ぬまで心を動揺させないと述べている。魏武注もまた、占いや迷信の言葉を禁止して、②疑惑の計をなくすことができると解釈している。命のやり取りをする戦いでは、本能から起こる恐怖心により、超越したものへ縋り、頼る気持ちが強くなる。それが戦争に呪術が含まれる要因である。『孫子』は、そうした不確実なものに依拠することを止め、戦争を合理的に進めていこうとするのである。

また、『孫子』は、間諜が敵の情報を得る「先知」を重視する用間篇の記述の中で、鬼神について、次のように述べている。

そのため明君や賢将が、動けば敵に勝ち、功績を衆人より突出して挙げる理由は、先知〔先に敵情を知ること〕にある。先知というものは、①鬼神によって求められない〔三〕。

他の事からは類推できない［四］。計算では求められない［五］。必ず人（の働き）より得て、敵の状況を知るのである［六］。

［三］（先知は）②祭祀によって求めることはできない。

［四］（先知は）事の類推によって求めることはできない。

［五］（先知は）事の計算によってはかることはできない。

［六］（敵情を知ることができるのは）③間諜による。

魏武注『孫子』用間篇第十三

『孫子』は、戦争に勝つために最も重要となる先知、すなわち、あらかじめ敵の実情を知ることは、①鬼神から得られるものではないとする。戦争を前に鬼神に祈ったり、吉凶を占ったりすることは無駄である、というのである。魏武注は、先知を得るためには鬼神を②祀って求めるべきではないと解釈し、『孫子』が否定しているのが、鬼神への信仰であることを明らかにする。そのうえで、③間諜により敵の実情を知るべきであると述べて、『孫子』の主張をさらに明確にしている。魏武注は、『孫子』が呪術や鬼神から戦いを解放した合理性を継承しているのである。

曹操は、済南国相であったとき、呂皇后から前漢を守った劉章〔城陽景王〕を祀る城陽景王信仰の祭壇を破壊している。城陽景王信仰は、赤眉の乱の宗教的な背景ともなった。鬼神に祈ることから軍事を独立させた『孫子』の革新性に、強く共感していたと考えてよい。曹操が多くの兵法書の中で、『孫子』を最もすぐれているとした理由の一つはここにあろう。

以上のように、『孫子』の軍事思想における原則の第一は、具体的な戦闘を行わず、戦わないで勝つことを戦争の理想とすること、第二は、戦争の基本的性格を「詭道」と捉えること、第三は、戦争を呪術から解放したことにある。

これらの原則により、『孫子』は次のような四つの特徴を得た。勝敗を廟算により予測できるような合理性、虚実や気といった思想を用いて戦争を解明する先進性、戦争が一日に千金を費やし国を経済的に滅亡させることを説く実践性、戦いに出た将軍が君主の命令であっても受けないなど現代にも通じる組織論を持つ普遍性である。第四章から第七章では、これら四つの『孫子』の特徴を検討していこう。

第四章　合理性——戦はずして廟算して勝つ

1　廟算

『孫子』の合理性

『孫子』の第一の特徴は、勝敗を廟算により予測するような合理性にある。廟とは、宗廟のことで、祖先の霊を祀る御霊屋である。戦争は国の大事であるから、『孫子』より以前、君主は、それぞれの宗廟の前で戦争の吉凶を占った。『孫子』の後でもそうである。すでに掲げた『呉子』に、「必ず（戦いを）先祖の宗廟に報告し、（戦いの可否について）大きな亀で神意を問い、天の時をあわせ考え、すべてが吉であってはじめて戦いを起こします」（『呉子』図国篇第一）とあるように、宗廟で戦いを占うことは、当たり前のことであった。

これに対して、『孫子』は宗廟で占いをするのではなく、軍議を開いて敵軍と自軍の有利・不利な条件を比較して、数え上げていくべきであるとする。これを廟算という。これによって、戦う前から勝敗が判断できることを始計篇は、次のように述べている。

そもそも戦わずに廟堂（びょうどう）で目算（もくさん）して勝ちが定まるのは、（五事（ごじ）・七計（しちけい）を比べた結果）勝算を得ることが多いからである。戦わずに廟堂で目算して負けが定まるのは、勝算を得ることが少ないからである。勝算が多ければ勝ち、勝算が少なければ勝てない。まして勝算がなければなおさらである。わたしはこのような方法で戦いを観察することで、（事前に）勝敗が分かるのである〔二六〕。

〔二六〕わたしの方法によりこれを観察するのである。

魏武注『孫子』始計篇第一

廟算は、第2節で述べる五事〔五つの事項〕に関して、七計〔七つの観点からの計算〕を行うが、具体的にどのように計算したのかは、明らかではない。「多い・少ない」という記述からは、算木（さんぎ）〔数取りの棒〕を用いて、七計の一つひとつの有利・不利を数えたのではないか。勝算という現在の日本語でも使う言葉も、これを起源とする。『孫子』は、宗廟での吉凶の占いを廟算に変えることで、戦争に勝利する方法を合理的に計算しようとしたのである。

勝ちを知る

五事・七計のような詳細な比較以外にも、戦いには、こうすれば勝てるという原則がある。それについて『孫子』は、謀攻篇で次のように述べている。

> そのため勝利を（あらかじめ）知るには五つのことがある。（第一に）①戦うべき相手か、戦うべきではない相手かを知るものは勝つ。（第二に）②大軍と寡兵（かへい）（それぞれ）の用兵を知るものは勝つ。（第三に）③君臣が目的を共にするものは勝つ。（第四に）④準備をして準備のないものを待てば勝つ。（第五に）⑤将（しょう）が有能で君主が統御（とうぎょ）しないものは勝つ。これら五つが、勝利を知る方法である。
>
> 魏武注『孫子』謀攻篇第三

このように『孫子』は、戦って勝つ五つの条件を整理している。第一は、①敵と味方の実情を的確に理解することである。これは、廟算により合理的に計算される、敵と味方の実情把握である。それでは、敵に比べて劣る場合は、戦うことがすべて不可能であるのか。たとえば、多数の兵に少数の兵は太刀打ちできないのか、という問題に関係するものが、第二である。すなわち、多数には多数の、少数には少数の戦い方があり、②それぞれの用兵を共に知っていることは、勝つための第二の条件となる。

また、③君臣が戦いの目的を共有することを第三として掲げる。戦争の正統性である。目的なき戦いは、戦意が上がらない。第四は、④戦うための準備を十分にすることである。第六章で述べるように、戦争には膨大な戦費が掛かる、それを含めた準備である。そして第五は、将軍の君主からの独立性である。将軍は、戦いを始めた場合には、君主の命令でも受けないことがある。これらが戦いに勝つための原則である。

百戦して殆からず

廟算により敵軍に勝ちうるという客観的な条件を計算し、戦いに勝つための五つの原則を備えていれば、戦いに負けることはない。それが謀攻篇の最後の有名な文章に記される。ここは、書き下し文も掲げよう。

書き下し文

故に曰く、「彼を知り己を知らば、百戦して殆からず。彼を知らずして己を知らば、一勝一負す。彼を知らず己を知らざらば、戦ふ毎に必ず敗る」と。

現代語訳

だから、「敵を知り自分を知れば、百戦しても危険はない。敵を知らず自分を知れば、勝ったり負けたりする。敵を知らず自分を知らなければ、戦うたびに必ず敗れる」というのである。

魏武注『孫子』謀攻篇第三

戦争の遂行方法の謀り方を論ずる謀攻篇は、「敵を知り己を知れば、何度戦っても危険はない」という言葉で篇を閉じる。すなわち戦いにおいては、敵と味方の実情を的確に知ることで、どのような戦いをすればよいかを正確に判断し、対処することが重要なのである。敵と味方の実情を判断するためには、判断基準が必要である。それを示すものが、五事・七計である。

2　五事・七計

戦争は国の大事であり、必ず勝たなければならない。戦争においては、彼我の戦力を入念に事前分析することが最も重要となる。その際、戦力を比較する方法が、「五事」である。

五事

そのため戦争（の可否）を五事ではかり、七計でくらべ、その実情を探る［二］。（五事とは）第一に道①［三］、第二に天②、第三に地③、第四に将④、第五に法⑤である。（第一の）道というものは、民たちを（君主が教令で導き）上と心を同じくし、共に死ぬべきように、共に生きるべきように、恐れず危ぶまなくさせることである［四］。（第二の）天というものは、陰陽・気温・四時のことである［五］。（第三の）地というものは、（散地か軽地かという距離の）遠近・（争地のように）険阻か否か・（交地のように）広いか否か・死地か否かということである［六］。（第四の）将というものは、智・信・仁・勇・厳という（将軍の五徳の）ことである［七］。（第五の）法というものは、（軍の編制と軍旗や鐘太鼓の制である）曲制・（百官の分である）官・（糧道である）道・（軍の費用を掌る）主用のことである

〔八〕。およそこれら五事は、将軍であれば聞いたことのない者はいない。（しかし）これを理解する者は勝ち、理解しない者は勝てないのである。

〔二〕下に掲げる五事と七計により、相手と自分の実情を探ることをいう。
〔三〕⑥（道とは君主が）民たちを教令で導くことをいう。
〔四〕危とは、危ぶみ疑うことである。
〔五〕天に順って誅を行うには、陰陽と四時の制に依拠する。このため⑦『司馬法』は、「冬と夏に、（陰の象である）軍を興さないのは、わが民を等しく愛するためである」と言っている。
〔六〕九種の地の形勢は同じではないことから、時制の利によることをいっている。（地の形勢の）論は九地篇（第十一）の中にある。
〔七〕将は（智・信・仁・勇・厳の）五徳を備えるべきである。
〔八〕⑧曲制というものは、軍の部隊・旗印・鐘と太鼓の制である。⑨官というものは、百官の分である。⑩道というものは、糧道である。主用というものは、軍の費用を掌ることである。

魏武注『孫子』始計篇第一

『孫子』が戦力を比べる方法として掲げる五事は、「道・天・地・将・法」である。

①道について、⑥魏武注は、「道」を「導」と解釈して、君主が民たちを教令で導くことであるとしているが、これは興味深い。本文は、民たちが上と心を同じくする、と続くので、ふつうは、すでに掲げた『孟子』公孫丑章句下の「天の時は地の利に如かず、地の利は人の和に如かず」の「人の和」を最も重要とする儒家の思想に近接したものとして、解釈することが多いためである。たとえば、唐の杜牧の注では、『荀子』の議兵篇を引き、道とはここでは仁義のことである、と解釈する。曹操が生きた後漢末は、後漢「儒教国家」の「寛」治〔ゆるやかな統治〕が行き詰まり、曹操は「猛」政〔法刑を重視する統治〕への傾斜を見せていた。そうした曹操の実際の政治的立場が、①道を教令で導くとする解釈に、影響を与えていると考えてよい。

②天について、⑦魏武注は、冬や夏に戦争を起こさず、民を愛するべきであるという『司馬法』の文章を引用する。『司馬法』は、春秋時代の斉の景公に仕えて、大司馬についた司馬穰苴〔田穰苴〕によって書かれた、とされる兵法書で、太公望呂尚の流れを汲む斉の兵法を継承するという。曹操は、『孫子』の注に、たびたび『司馬法』を引用している。ここでも『司馬法』に従って、②天とは、冬や夏には戦争を行わないことと解釈している。

これについて、唐の杜牧は、曹操が赤壁の戦いの際に、呉を冬に攻めることは兵法の忌むところであるとする呉の周瑜の孫権への文書を注に収める。曹操の実際の戦いが、その注にあわないことを批判しているのである。ちなみに曹操は、火攻篇の注で、水攻めと火攻めを比較して、「水攻めでは敵の糧道を絶ち、敵軍を分断することはできるが、蓄えた食糧を奪うことはできない」と述べ、火攻めの有効性の高さを説明している。曹操ほどの名将でも、『孫子』の五事に反した戦いを起こし、自らその威力を知り尽くしている火攻めに、赤壁で敗れている。戦いの難しさと、可能な限り戦うべきではないと述べる『孫子』の正しさが分かる。

③地について、曹操は、これについての詳細な議論が、九地篇で述べられているとする。九地篇では、九種類の地形の違いに応じた戦法が説かれている。④将について、曹操は、智・信・仁・勇・厳の五つを「五徳」と呼び、将となるべき者が備えるべき資質であると説く。将軍に関する『孫子』の議論は、複数の篇に散見するので、第七章でまとめて扱うことにしたい。⑤法について、曹操は、三つに分けて解釈する。第一に⑧「曲制」、すなわち部隊の編制は、軍隊の組織を整えることだけでなく、軍隊を動かす旗や幟〔陣形など様々な事項を伝達する〕、軍鼓〔進むときに鳴らす〕と金鉦〔退くときに鳴らす〕の合図を制度化することであるとする。第二に⑨「官」、すなわち軍官の統率は、それぞれの官職の役割を明確にすべきであるとする。第三に「道」はそれを糧道であると確認したのちに、「主用」、すなわ

ち経理は軍隊を動かすためのことである、と注をつけている。内政においても、法刑を尊重した曹操らしく、法や制度について詳細な解釈が記されている。

『孫子』は、敵が①「道」、すなわち教令で導いているか、②「天」、すなわち冬や夏に戦争を起こすような天に逆らう出兵をしていないか、③「地」、すなわち地形に応じた戦術を用いているか、④「将」、すなわち智・信・仁・勇・厳を備えた将を用いているか、⑤「法」、すなわち、軍隊の組織化と制度化がなされ、軍官を統率し、糧道を確保して軍隊を動かすための費用が掌握されているか、という「五事」〔五つの判断基準〕により、敵と味方を判断すべき、と主張しているのである。

七計

「五事」において、戦力を判断する五つの基準を掲げたのち、『孫子』は「七計」、将軍の五事への理解を比較するための七つの項目を掲げる。始計篇の文章を続けよう。

それゆえ（君主は）将（の五事への理解）を比較するために（七）計により、将の（勝ち負けの）実情を探る〔九〕。「（それぞれの将の）君主[①]はどちらが道徳があるか。将[②]はどちらが智能があるか〔一〇〕。天の時と地の利[③]はどちらが得ているか〔一一〕。法令[④]はどちらが行われているか〔一二〕。兵⑤はどちらが強いか。士卒⑥はどちらが訓練されているか。賞罰⑦はどちらが明らかであるか」と。わたしはこれらにより勝ち負けを知る〔一三〕。

〔九〕共に五事を聞いていても、将として五事の変化の極致を理解するものが、勝つのである。その実情を探るとは、勝ち負けの実情である。

〔一〇〕（道は君主の）道徳、（能は将の）智能のことである。

〔一一〕（天地とは）天の時、地の利のことである。

〔一二〕（法令を）設けて犯すことなく、犯すものは必ず誅する。

〔一三〕七事（ママ）により将を評価して、勝ち負けを知るのである。

魏武注『孫子』始計篇第一

『孫子』は、①主・②将・③天地・④法令・⑤兵衆・⑥士卒・⑦賞罰の七つを七計とする。五事は、道〔君主の法令あるいは仁義〕・天・地・将・法であったから、七計のうち初めから四項目①〜④は、五事と同じである。両者の関係は、五事は将が理解すべきものであり、七計は君主が将の五事への理解を比較するためのものである、という。したがって、最初の主については、（将の）君主という形で理解する。『孫子』は、君主が将に対して、五事よりも広範な七計により、⑤兵衆・⑥士卒・⑦賞罰までをも比較することで、戦争の勝敗は明らかになるというのである。

曹操が注で説明しているような綿密な情報分析を客観的に行うことができれば、『孫子』の主張するとおり、実際に戦う前に勝敗は決していよう。それを表現したものが、すでに掲げた「彼を知り己を知らば、百戦して殆からず」（謀攻篇）という有名な文章なのである。

3　形

負けない形

それでは廟算により、すべての戦争の勝敗は、完全に明らかになるのであろうか。計算違いの戦いというものはないのであろうか。あるいは、侵略を受けた側は、廟算して負けると算出された場合には、降伏するしかないのであろうか。

こうした問題について、『孫子』は、戦争には負けない「形」があることを次のように述べている。

軍形篇第四〔一〕

孫子はいう、むかしの善く戦う者は、まず（敵がこちらに）勝てない形にして、敵が

（こちらが）勝つべき形になるのを待つ。（敵がこちらに）勝つことができないのは自軍（を固く守り備えること）による[二]。（こちらが敵に）勝つことができるのは敵に（隙や油断が）あることによる[三]。ゆえに善く戦う者は、（敵がこちらに）勝てないような形をつくり、敵に絶対に勝たせないようにする。ゆえに、「勝ちは（情勢を見て）知ることができるが[四]、（敵にも備えがあるので勝ちを）なすことはできない」という[五]。

[一] 軍隊の「形」である。こちらが動けば相手は対応する。双方が考えを読みあうのである。
[二] 守って固く備える。
[三] 自分の方はしっかり準備をして、敵に隙や油断が出てくるのを待つ。
[四]（敵味方の動きが）形となって出てくるのを見るのである。
[五] 敵に備えがあるからである。

魏武注『孫子』軍形篇第四

『孫子』は、勝つことよりも、負けないことを重視する。敵が勝てないように自軍が負けない形をつくることはできるが、勝てるかどうかは、敵の形が負けるかどうかに依存することによる。自軍ができることは、負けないことだけで、敵が負ける形になったとき、具体的には魏武注によれば、敵に隙や油断ができたときに、敵に勝つことができる。

結論的にいえば、『孫子』は、傍線部にあるように、「勝つは知る可(べ)くして、為(な)す可からず（勝ちは知ることができるが、なすことはできない）」と考えている。すなわち、廟算により敵に勝つことができると知ることはできるが、それにより必ず敵に勝つことができるわけではない。反対からいえば、廟算で負ける情勢にあっても、必ず負けるとは限らないのである。負けないためには、固く守り備えて、負ける「形」にならなければよい。それでは負けない形とはどのようなものであろうか。これを記す軍形篇の続きは、すでに扱った曹操が校勘を加えた部分であるため、書き下し文も掲げよう。

書き下し文

勝つ可(べ)からざる者は、守ればなり〔六〕、勝つ可き者は、攻むればなり〔七〕。守るは則ち足らざればなり、攻むるは則ち余(あまり)有ればなり〔八〕。①善(よ)く守る者は、九地の下に蔵(かく)れ、善く攻むる者は、九天の上に動く②。故に能く自ら保ちて全(まった)く勝つなり〔九〕。

〔六〕形を蔵せばなり。

〔七〕敵攻むれば、己(おの)れ乃(すなわ)ち勝つ可し。

〔八〕吾守る所以(ゆえん)は、力足らざればなり。攻むる所以は、力余り有ればなり。

［九］其の深微なるを喩(たと)ふ。

現代語訳

勝つことができないのは、（敵が「形」を隠して）守っているためである［六］、勝つことができるのは（敵が）攻め（て「形」が現れ）るからである［七］。守るのは（力が）足りないからで、攻めるのは（力に）余裕があるからである［八］。①守るのが上手な者は、大地の下にひそむかのようで、攻めるのが上手なものは、大空を動きまわるかのようである。だから、自らの力を温存して、完全な勝利を収めるのである［九］。

［六］（敵が）②「形」を隠しているからである。

［七］敵が攻めれば（「形」が現れるので）、自軍が勝つことができる。

［八］こちらが守るのは、力が足りないからである。攻めるのは、力に余裕があるからである。

［九］（善く攻め、善く守るとは大地の下と大空の上のように）奥深く見えにくいことの喩えである。

魏武注『孫子』軍形篇第四

この文章は、第二章で述べたように、曹操の校勘により、①「善く守る者は、九地の下に蔵（かく）れ、善く攻むる者は、九天の上に動く」という言葉が、美しい比喩として解釈されるようになった。こうした理解は、曹操が負けない形を②「形を蔵（隠）」すことと解釈するのに支えられる。曹操の注がなければ『孫子』の本文は、勝てないのは守っているから、勝てるのは攻めるから、という単純な内容として読むことになる。

曹操は、『老子』第四十一章に、「このうえなく大きな象（しょう）は形がない。道は隠れていて無名なのである。（しかし）ただ道だけが（万物を）よく助けかつ完成させている（大象は無形なり。道は隠れて無名なり。夫れ唯だ道は善く貸（たす）け且つ成す）」とあるような『老子』の思想に基づきながら、負けない形とは、形を隠した軍のことであり、攻めて形を現すことで敗北する可能性があることも論ずる。幾多（いくた）の戦いを経験し、儒教のみならず『老子』の思想にも深く通じた曹操ならではの解釈により、『孫子』の内容が深められている。

『孫子』は、「形」を隠す、すなわち軍の動静を敵に知られないようにすることで、負けない形をつくり出すことができるとするのである。

当たり前に勝つ

このように負けない形とは、「形」を隠すことであった。それでは、勝つ「形」とは、どのような形なのであろうか。軍形篇の続きを掲げよう。

勝ちを予見(よけん)する力が、衆人の知見を超えないのは、最もすぐれたものではない〔一〇〕。（実際の）戦いに勝って、天下が善(よ)しというのも、最もすぐれたものではない〔一一〕。動物の細い毛をもちあげても、力持ちとはされない。太陽や月が見えても、目がよいとはされない。雷鳴が聞こえても、耳がよいとはされないのである〔一二〕。いにしえの善く①戦う者は、勝ちやすい相手に勝つ者である〔一三〕。このため善く戦う者の勝利は、智謀(ちぼう)はなく勇功(ゆうこう)はない〔一四〕。（それでも）戦って勝つことは、間違いない。間違いないのは、必ず勝つことが定まっているからである。すでに破っているものに勝つからである〔一五〕。善く戦う者は、決して負けない状態に立ち、敵の敗北をとりこぼさない。このため勝兵②は先に勝利（を確実に）して、そののちに戦いを求める。敗兵は先に戦って、そののちに勝利を求める〔一六〕。

〔一〇〕まだ表に現れないものを予見するのである。

〔一一〕戦いを交えること（は最善ではないの）である。

〔一二〕見聞しやすいからである。

〔一三〕（敵の謀りごとの）かすかな兆(きざ)しを見つければ勝ちやすい。勝てるものを攻め、勝てないものを攻めない。

〔一四〕敵の軍の「形」ができあがらないうちに勝つのは、赫々（かくかく）たる功績はあがらない。
　戦って勝っても天下の人々はそれを知らない。

〔一五〕敵を必ず破れると察しているので、間違わないのである。

〔一六〕③（勝兵は）謀略があり（敗兵は）深慮がない。

魏武注『孫子』軍形篇第四

『孫子』は、①善く戦う者は、勝ちやすい相手に勝つ。そして当たり前に勝つという。このため、その勝利には、たいへんな奇策を用いるような智謀も、大激戦を繰り広げて大きな功績を挙げる勇気も必要ない。必ず勝つことは決まっているからである。②先に勝利を確実にしてから戦う、これが戦いに勝つ形である、とする。

論理的に納得はできるものの、それではなぜ、戦う前から勝っているのか、という疑問は残る。それは、敵の「形」と自らの「形」を比較して、すでに勝っていると判断できるからである。その基準を『孫子』は五つ挙げる。それを記す軍形篇の結論部分を検討しよう。

形で勝つ

『孫子』軍形篇の結論部は、「形」で勝っていることを見定める基準として、次の五つの項目を挙げている。

善く兵を用いる者は、（敵がこちらに勝てない）道すじをつくり、軍紀を維持する。このため勝敗を掌握できる〔一七〕。兵法には、第一に度①〔土地の測量〕、第二に量②〔穀物の秤量〕、第三に数③〔人の展開力〕、第四に称④〔彼我の比較〕、第五に勝⑤〔勝利〕がある〔一八〕。土地（の状況）から計る必要が生まれ〔一九〕、計った結果から（穀物の）量が分かり、量から（その地で動かせる）人数が生まれ〔二〇〕、人数から敵味方の比較が生まれ〔二一〕、敵味方の比較から勝者が生まれる〔二二〕。

このため、勝兵は（重い）鎰〔二十四両、約三六〇グラム〕により（軽い）銖〔二十四分の一両、約〇・六グラム〕をあげるようなもので、敗兵は銖により鎰をあげるようなものである〔二三〕。勝者の戦いが、せきとめた水を千仞〔約一五〇〇メートル〕の深さのある谷を切って落とすようになるのは、「形」によるのである〔二四〕。

〔一七〕よく兵を用いる者は、まず準備して（敵がこちらに）勝てないような道すじをつくり、軍紀を維持して、敵が敗れ乱れるのを見逃さない。

〔一八〕勝敗の掌握、用兵の法については、この五事をはかることで、敵の実情を知るべきである。

［一九］地の状況によりそれ（優勢か否か）をはかる。

［二〇］地の遠近や広狭を知れば、その（地で動かせる）人数が分かる。

［二一］自軍と敵とどちらが優勢かをはかる。

［二二］これ（敵と自軍のどちらが優勢か）をはかることで、その勝敗の結果が分かる。

［二三］軽いものは重いものを上げることができない。

［二四］八尺を仞という。水を千仞（の高さ）から切って落とせば、その勢いは速い。

魏武注『孫子』軍形篇第四

自軍が「形」で敵に勝っている基準として『孫子』軍形篇が掲げるものは、始形篇の「五事」がそれぞれ独立していたことに対して、連関性を持っている。すなわち、①「度」、土地の測量をすることで、②「量」、穀物の収穫高を判断し、それに基づく③「数」、展開可能な兵力数を想定し、④「称」、自軍と敵軍を比較して、⑤「勝」、勝利に至るという連関性である。これにより、自軍と敵軍の兵力数の差という最も基本となる「形」を比べることができる。

敵軍より優勢な「形」があれば、勝利を収めることができる。それでは、「形」で優っていれば、せきとめた水を千仞の高さから切って落とすほど、確実に勝利を得られるのであろうか。あるいは、優勢な「形」を持たない軍は、勝利を収めることはできないのであろうか。歴史上には、少数の兵により、多数の兵を破った事例は数多くある。そこで、「形」に続いて検討すべきことは、兵の「勢（せい）」である。

4　勢

勢とは何か

「勢」は、春秋・戦国時代に深く思索された概念の一つで、軍事や兵法だけではなく、君主の地位や権力などから生じる支配的な力を表現するものとして用いられる。そこでは、「勢」は、現実に対して、ある種の必然性や強制力を伴うものと考えられた。そして、「勢」には、人の行為によりある程度は統御できるものと、それを超えた運命的なものの双方の意味が含まれる。

『孫子』は、後者の運命的な勢ではなく、人為的な叡知（えいち）や戦略を通して、臨機応変に勢を得ることを試みる。兵勢篇（へいせいへん）は、勢という概念を理解しやすいよう、勢を比喩により表現する。

激しい水の速さが、石を（その流れによって）動かすに至るのは、勢である。鷙鳥（しちょう）

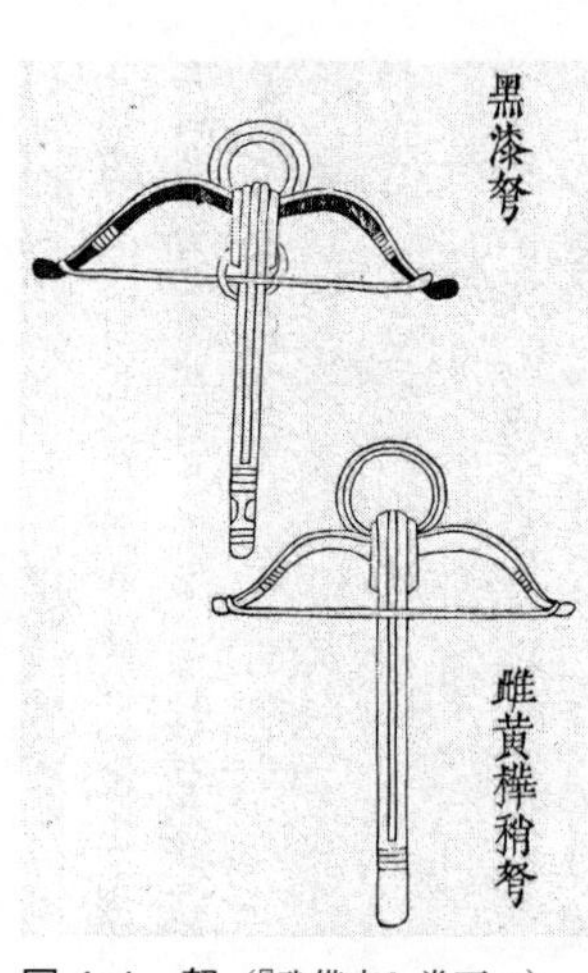

図4-1　弩（『武備志』巻百二）

〔鷲・鷹などの猛禽類〕の攻撃が、（獲物を）壊し折るのは、（急所を突くよう素早く動く）節である〔八〕。こうしたわけで善く戦う者は、その勢が速く〔九〕、その節は近い〔一〇〕。勢は弩（の弦）を（ひきしぼって）張るようで、節は（弩の）機を発するようである〔一一〕。

〔八〕（自軍の兵を）起こして敵を攻撃することである。

〔九〕険は、疾のようなものである。

〔一〇〕短は、近である。

〔一一〕（敵との距離を）はかって遠くなければ、（弩弓を）発射すれば（よい場所に）当たる。

魏武注『孫子』兵勢篇第五

本来的には弱い水が、大きな石を流していく力として「勢」を説明する、最初の比喩は分かりやすい。軍の「形」を比べ、自軍が弱くとも、勢を得ることができれば、強力な敵を倒していくことが可能である、とするのである。

続く鷙鳥と弩の比喩は、勢が速く、勢を生み出す「節」が近ければ当たりやすいことを表現する。弩は、騎兵に対抗するために製作された射程距離の長い弓で、現代のクロスボウやボウガンのような兵器である（図4-1）。矢を発射するときは、「機」という発射装置を用いる（図4-2）。弩から矢が放たれるときの力こそ「勢」であり、発射するタイミングと距離が「節」である。矢が放たれるときの強力な「勢」をどのように発揮させ、『孫子』はそれをどう勝利に結びつけるのであろうか。

図 4-2　赤壁より出土した三国時代の機（呂岱の名が刻まれる。筆者撮影）

勢により勝つ

『孫子』兵勢篇は、勢を巧みに用いることにより、弱体な軍隊であっても、強力な軍隊を破ることができると、次のように記している。

乱は治から生まれ、怯は勇から生まれ、弱は強から生まれる（のは自軍の情勢を隠すからである）［一四］。治と乱は、（部隊の名と）数ごとである［一五］。①勇と怯は、勢である。強と弱は、形である［一六］。

そのため善く敵を動かす者は、こちらの形（の不備）を見せ、敵に必ずこれに従わせる［一七］。敵に（利を）与えて、敵に必ずこれを取らせる［一八］。利により敵を動かし、本（来の形）により敵を待つ［一九］。

②そのため善く戦う者は、戦いを勢に求め、（権変〈権謀術数による変化〉によるので）人に求めない。そのため人を選び（権変により起こる）勢に任せるのである［二〇］。勢に任せる者は、任命した人に戦わせるさまが、木や石を転がすようである。木や石の性質は、安定していれば静止し、不安定であれば動き、四角ければ止まり、丸ければ転がりゆく［二一］。③そのため善く人に戦わせる勢は、丸い石を千仞の山から転がすようなもので、（それが）勢なのである。

［一四］（乱は治から、怯は勇から、弱は強から生ずるのは）すべて形をこわし（自軍の）情勢を隠すからである。

［一五］（軍隊編制の）部隊の名と数ごとに治と乱を分担する、そのため（軍全体は）乱すことができないのである。

〔一六〕（勇怯と強弱は）形と勢がそうさせているのである。
〔一七〕（敵にこちらの）形が疲弊しているのを見せるのである。
〔一八〕利により敵を誘えば、敵は遠く土塁より離れる。そこで有利な勢により空虚で孤立した敵を討つのである。
〔一九〕利により敵を動かすのである。
〔二〇〕勢に求めるとは、（臨機応変の）権変によるからである。人に求めないとは、権変が明らかだからである。
〔二一〕自然の勢に任すのである。

魏武注『孫子』兵勢篇第五

『孫子』兵勢篇は、①軍隊の強と弱は「形」であり、勇と怯が「勢」であるという。これによれば、少数の弱い「形」しか持たない軍隊が、強大な軍隊に勝利を収めるためには、怯えずに勇気を出せば、「勢」により勝つことができることになる。

それでは「勇」は、どのようにすれば出るのか。それは「勇気」という日本語からも分かるように、「気」によって起こす。「気」は、「勢」より以上に、中国思想の根本概念の一つとして、春秋・戦国時代に止まらず、探求が続けられていく概念である。たとえば、やがて南宋の朱熹（朱子、一一三〇～一二〇〇年）は、宇宙万物の形成を理（宇宙の根本原理）と気（物質を形成する原理）の一致として説明する存在論である「理気二元論」を提唱していく。『孫子』は、「気」について軍争篇で扱っているので、次の第五章で、「気」により「勇」を持ち、「勢」を得る方法を検討しよう。

また、『孫子』兵勢篇は、戦いは②人ではなく、権変により起こる「勢」によって戦うべきであるとする。権変では、わざとこちらの形の不備を見せ、敵に利を与え、敵を動かし、本来の形で敵を待つという虚実を用いる。これについて『孫子』は、虚実篇で詳細に述べるので、これも次の第五章で扱おう。ここでは、少数の弱い「形」しか持たない軍隊であっても、③「勢」を用いれば、丸い石を千仞の山から転がすように、勝利を収められる、と述べられていることを確認しておこう。

このように『孫子』は、戦う前に「五事」「七計」という基準により、「廟算」をすることで勝敗を判断し、軍の「形」を計り、「勢」を利用して戦うという合理性を備えていた。このうち、「勢」が、諸子百家の哲学的な議論を背景に持つように、『孫子』は思想的な先進性をも兼ね備えていた。そうした先進性は、他の篇ではどのように展開されているのであろうか。

第五章　先進性——三軍も気を奪ふ可し

1　敵の虚をつく

実と虚

『孫子』の第二の特徴は、「勢」を検討した前章でも明らかなように、春秋・戦国時代に諸子百家が研究を続けた思想を用いて、戦争を分析する先進性にある。戦力が空虚となって無力な状態を「虚（きょ）」、戦力が充実していて強力な状態を「実（じつ）」という概念を用いて、いかに勝利を導くかについて論じていく、虚実篇（きょじつへん）を冒頭より検討していこう。

虚実篇第六 [一]

孫子がいう、およそ①先に戦地に着き敵を待つ者は余裕があり [二]、②後から戦地に着き戦いに赴(おもむ)く者は疲弊する。そのため善(よ)く戦う者は、②人を至らせるようにして①人に至らせられない [三]。敵に自分から至るようにさせるのは、敵に利を与えるからである。敵に至らせられないのは、敵に害を与えるからである [四]。このため敵に①余裕があれば敵を②疲弊させ [五]、①満腹していれば敵を②飢(う)えさせ [六]、①楽をしていれば敵を②動かす [七]。

[一] 敵と自軍の虚と実をはかるのである。

[二] 力に余裕があるからである。

[三] 敵を誘うには(敵の)有利になるようにするのである。

[四] ③敵の必ず行くところに出て(待ちかまえ)、敵の必ず救うところを攻め(敵の待ち受けているところから敵を動かし、自分が至らせられなくす)るのである。

[五] 事により敵を悩ませるのである。

[六] ④敵の兵糧(を運ぶため)の道を絶つのである。

[七] 敵の必ず要(かなめ)とするところを攻め、敵の必ず行くところに出て、敵に(そこを)救わざるを得なくさせるのである。

ここでは、「虚」「実」という言葉を直接用いることはないが、②「虚」と①「実」の概念を背景に、対照的に議論が進められる。①先に戦地に着き、人を至らせ、余裕があり、満腹していて、楽をするのが「実」である。逆に、②後から戦地に着き、人に至らせられ、疲弊して、飢えていて、動かされるのが「虚」である。敵を「虚」にするためには、利を与えて自分から至らせるようにする。その方法については、③敵の必ず行くところに出て待ちかまえ、敵の必ず救うところを攻め、④兵糧の道を絶つ、と魏武注が具体的に指摘している。敵が必ず向かうような敵の急所であれば、敵は救いに行かざるをえない、そこの糧道を絶つのである。このような攻め方ができれば、少数の兵であっても、敵に勝つことは可能である。

それでは、すべて自軍が「実」になれば、勝利を収めることができるのであろうか。『孫子』の答えは否である。自らが「虚」になることの効用について、虚実篇は続けて次のように述べている。

敵の行かないところに出て、敵の思わないところに行く。千里を行っても疲弊しないのは、無人の地を行くためである［八］。①攻めれば必ず取る（ために最も良い）のは、敵が守っていないところを攻めることである。守れば必ず固い（ために最も良い）のは、敵が攻めないところを守ることである。②そのためよく攻める者は、敵がどこを守ればよいか分からない。よく守る者は（情勢が漏れないので）、敵がどこを攻めればよいか分からない[九]。微かであるかな、微かであるかな、（虚となった軍は）③無形に至る。霊妙であるかな、霊妙であるかな、（虚となった軍は）④無声に至る。そのため敵の命運を掌握できるのである。

[八]（敵の）空疎なところに出て（敵の）虚を討ち、敵の守っているところを避け、敵の思っていないところを討つのである。

[九]（自軍の）情勢が漏れないためである。

魏武注『孫子』虚実篇第六

この段落の前半では、虚を衝くことの重要性を述べる。①敵が守っていないところ、すなわち虚を攻めれば、敵を破ることができる。虚をマイナスと捉える、という意味において、前段と同じレベルである。

これに対して、②よく攻める者は、敵がどこを守ればよいか分からない、という後半は、自分が虚となっている。虚を衝く、衝かれるとはレベルの異なる「虚」、意識的に創造するプラスの「虚」である。敵を騙すための「虚」と言い換えてもよい。「虚」となった軍は、

③「無形」となり、④「無声」（気配もない）になるという。このため情勢が漏れないので、敵は「虚」となった自軍が至る場所を把握できず、その結果、自軍は敵の命運を掌握できる、とするのである。

こうした「虚」は、前章でも掲げた『老子』四十一章に、「このうえなく大きな音は声がなく、このうえなく大きな象は形がない（大音は希声、大象は無形なり）」とあるような黄老思想を背景としている。ちなみに、「大音は希声」の前の字句は、「大器は晩成」す、であり、日本語の中にも取り入れられている。

『孫子』が理想と考える「無形」というのは、何もなくなるわけではない。このうえもなく大きく変幻自在であることにより、「常」なる形がないのである。

そうした「虚」の極みに自軍を到達させることができれば、敵は自軍を把握できず、自軍は敵軍を自由に撃破できる。これを虚実篇は、次のように表現している。

そのため敵に[1]形を現させて自軍に形がなければ、自軍は（戦力を）集中させて敵は分散し、自軍は（戦力を）集中して一となり、敵は分散して十になる、これにより（自軍の）十（の戦力）によって敵の一（の戦力）を攻めることになる。そうであれば自軍は多数で敵は少数なので、多数（の軍勢）により少数（の軍勢）を攻撃すれば、自軍と戦うのは、少ない軍勢である。（形がないので）自軍が（敵）と戦う地は（敵が）知ることはできない。（地を）知ることができなければ、敵が（自軍に）備える場所は多数で、敵の備える場所が多数であれば、自軍と戦う（敵の）兵は少数である。このため（敵は）前方に備えれば後方が手薄になり、後方に備えれば前方が手薄になり、左に備えれば右が手薄になり、右に備えれば左が手薄になる。備えるところがなければ、（防御が）手薄になることはない。②（兵が）少数なのは、敵に備える者である。（兵が）多数なのは敵に自軍に対して備えさせる者である［一四］。

［一四］上（文）のいうところは（自軍の）形が隠れ敵が（自軍の動きを）疑えば、（敵は）その軍勢を分散し、自軍に備えるということである。

魏武注『孫子』虚実篇第六

曹操の注が、細かい部分につけられず、最後にまとめとしてつけられているように、この部分は、『孫子』の文章が具体的に書かれていて、分かりやすい。自軍が「虚」になることで「無形」を実現できれば、①敵には形を現させて、自軍は戦力を集中させて敵を分断することができる。自軍が「無形」であれば、敵に居場所を知られることもなく、敵の前後左右どこからでも攻めることができる。そうなれば、自軍が少数であったとしても、敵との多数・少数の差異は相対化し、あるいは逆転できる。

それは、多くの場所で敵に備える場合には、どんな大軍でもその場その場では少数となるが、備えさせる側の自軍は、敵のどこでも少数のところを選んで攻められるからである。こうして彼我の兵力差は、解消される。前の第四章で少数の弱い「形」しか持たない軍隊であっても勝利できるといわれていた戦い方の一つが、こうして明らかにされた。これを実現するためには、自軍を「無形」にする必要がある。

それでは、どのようにすれば、自軍を「無形」にすることができるのであろうか。

2　自らが虚となる

無形に応じる

軍の形を「無形」にすることについて、『孫子』虚実篇は、その難しさを次のように述べている。

そのため軍の形を現すことの極致は、無形にある。①無形であれば熟練の間者（かんじゃ）も（形を）窺（うかが）えず、智者でもはかれない。（自軍の無形の）形によって勝ちを兵に見せても、兵は知ることができない[一八]。人はみな自軍が勝った（相手の）形は（現れているので）知っているが、②自軍が勝利を制した形を（無形であるので）知る者はいない[一九]。そのため敵に勝つのに二度（同じ形で勝つこと）はなく、形は（敵に応じて）限りなく対応する[二〇]。

[一八] 敵の形によって勝利を立てる。

[一九] ③一つの形ではあらゆる形には勝てない。そのため勝ちを制する者について、人はみな自軍が勝つ理由を知っていても、自軍が敵の形に応じて勝利を制したことを知る者はいない。

[二〇]（軍の形の）動きを重複させずに敵に応じるのである。

魏武注『孫子』虚実篇第六

軍の形が「無形」になるのは、①軍の形をつくりあげることの極致で、「無形」であれば間者〔間諜（かんちょう）〕にも智者にも見抜くことができない。したがって、②「無形」で戦い勝ったとしても、兵は認識できない。敵の形は分かるものの、自軍の形は分からないためである。しかも、形は相手により変わるので、常にこのようにすれば「無形」になる、という具体例や法則を挙げることもできない。魏武注は、これを③一つの形ではあらゆる形には勝てない、と説明する。この注は分かりやすい。曹操が、『老子』を深く理解して、「無形」を正確に解釈していることを理解できよう。

「無形」とは、『老子』によれば、このうえもなく大きな形であり、相手の形に応じて様々に変化するものであるため、このようにすれば「無形」が成立していることは、たとえその戦いに参加していても理解できないものなのである。

相手の形に応じて、「無形」が成立するので、具体例や法則を挙げることはできない。それは分かる。ただ、軍を「無形」にしていくための何らかのイメージが欲しい。

上善 水の若し

『孫子』は「無形」に至るための軍のイメージとして「水」を挙げる。水は、『老子』第八章でも、「至上の善は水のようである（上善水の若し）」といわれ、「道に近い（道に幾し）」と評価されている。『孫子』虚実篇は、兵の「形」を水に近づけることで、「無形」に至りうることを次のように述べている。

そもそも軍の形は水に似ている。水の形は、高いところを避けて低いところに行き、軍の形は、実を避けて虚を攻撃する。水は地により流れを定め、兵は敵により勝ちを定める。そのため軍には常なる勢はなく、水には常なる形はない。①敵に応じて変化し勝ちを取れるものは、これを神（しん）という〔二一〕。そのため五行（ごぎょう）には常に勝つものはなく、四時（しいじ）には常なる季節がなく、日には長短があり、月には盈（み）ち虧（か）けがあるのである（そのように軍の勢と形は、常に敵に応じて変化する）〔二二〕。

〔二一〕勢は盛んであっても必ず衰え、形が現れれば必ず敗れる。そのため敵の変化に対応して、勝利を得られるのは、神（しん）のようである。

〔二二〕②軍に常なる勢がないのは、満ちたり縮んだりして敵にしたがうためである。

魏武注『孫子』虚実篇第六

『孫子』は、このように軍と水とを対比しながら、水をイメージして、軍のあり方を定めるように述べる。もちろん、それは簡単ではない。敵に応じて自軍が変わらなければならないためである。したがって、①敵の変化に対応して、勝利を得られるのは、神（しん）のようである、とする。「神（しん）」と読んでいるように、これは万物を支配する不思議な力をもち、宗教的な畏怖・尊敬・礼拝の対象となる「神（かみ）」ではない。「神（しん）」とは、人智ではかり知れない不思議な働きのことをいう。たとえば現在では、なぜ季節に四時（春・夏・秋・冬）が存在するのかは、地軸の傾きとして科学的に明らかにされているが、古代中国では、その法則性に人智を超える働きをみた。これが「神（しん）」である。「常」なる形を持たないのは、軍や水だけではない。五行（ごぎょう）〔木←金←火←水←土〕にも四時にも日月にも常がないように、軍に「常形（じょうけい）」「常勢（じょうせい）」を持たせないことが重要なのである。そこには「神」の力が必要で、そのためには、曹操が説明しているように、②満ちたり縮んだりして敵の「形」に対応していく「神」の力を将軍が備える必要がある。

　このように『孫子』は、軍形篇第四・兵勢篇第五・虚実篇第六の三篇により、勝利を収める方法として、「形（けい）」「勢（せい）」「虚実（きょじつ）」という三つの概念を関連させて論じている。この三篇は、まとまりがあり、『孫子』の中では比較的読みやすい篇となっている。そこでは、敵の形と勢、虚実を把握して、それに応じて自軍の形と勢、虚実を組み上げ、臨機応変の戦法を立てて勝利を収めていくことが論じられていた。

　その際、軍そのものに「勇」がなければ、せっかくの戦法を生かすことができない。『孫子』は、「気」により「勇」を持ち、あるいは「勇」を奪って、「勢」を変化させる方法を軍争篇第七で説明している。

3　気を奪う

『孫子』は、軍争篇において、軍に「勇」を与える「気」について、次のように説明している。

気で勢を変える

そのため①三軍も士気を奪うことができ〔二六〕、将軍も心を奪うことができる。そのため兵の朝の士気は鋭敏であり、昼の士気は怠惰であり、夕の士気は尽きる。そのためよく兵を用いる者は、朝の鋭敏なる士気を避け、②昼や夕の士気が怠惰になり尽きたところを攻撃する。これが士気をうまく利用する者である。治まった状態で乱れた状態を待ち、静かな状態でけたたましい状態を待つ。これが心をうまく利用する者である。近いところで遠い敵を待ち、安んじた状態で疲労した敵を待ち、兵糧が十分な状態で敵の飢餓を待つ。これが力をうまく利用する者である。整った旗の敵を迎え撃つことなく、大きな敵陣を攻撃してはならない。これが変をうまく利用する者である〔二七〕。

〔二六〕『春秋左氏伝』（荘公伝十年）に、「一回目の太鼓で士気を奮い起こし、二回目の太鼓で（応戦しないときは敵の）士気が衰え、三回目の太鼓で（敵の士気が）尽きる」とある。

［二七］正正とは、整っていることである。堂堂とは、大きいことである。

魏武注『孫子』軍争篇第七

『孫子』によれば、①三軍〔諸侯の軍隊、天子は六軍〕からも「気」を奪うことができるという。「気」とは、ここでは気力〔鋭気・元気〕や士気などの意味で、戦意そのもののことである。そして、気は、朝と昼と夕方とで異なり、朝の士気は鋭敏で、昼の士気は怠惰、夕方の士気は尽きるという。したがって、②昼や夕方の士気が怠惰になり尽きたところを自軍の気を温存しながら攻撃するとよい。これが戦いに士気をうまく利用することであるという。

こうして気の扱いも理解できた。気勢が上がり、軍に勇が出たら、いよいよ軍を出すことになる。そのときに重要なことは、有利な地を占める「軍争」である。

戦場において有利な地を占める

「軍争」とは、魏武注によれば、自軍と敵軍の両軍が、勝ちを争うことである。具体的には、自軍が有利になるように、先手を取って有利な地を占めるべきことを『孫子』軍争篇は、次のように述べている。

軍争篇第七［一］

孫子がいう、およそ兵を用いる方法で、①将が命令を君主から受け、軍をあわせ兵を集め（部隊を編制して陣営を起こし）［二］、（自軍と敵軍が）対峙して宿営するまでに［三］、（先に有利な地点を占め、勝ちを争う）軍争よりも難しいものはない［四］。軍争の難しさは、（敵軍に自軍が）遠くにあるように見せて（道程を）近くし、（敵軍に自軍が）憂患があるように見せて（油断させて）利とすることにある［五］。そのため（自軍が遠くにあるように見せて）敵軍の道を遠くし［六］、敵軍を利で誘い、②敵軍に遅れて出撃して、敵軍よりも先に（戦地に）到着する［七］。これが③遠近の計を知る者である。

［一］（軍争とは、自軍と敵軍の）両軍が勝ちを争うことである。

［二］国人を集結させ、組織を結成し、部隊を選定し、陣営を起こすことである。

［三］軍門を和門とし、左右の門を旗門とする。車により営をつくることを轅門といい、人により営をつくることを人門という。（敵軍と自軍の）両軍が対峙することを交和という。

［四］はじめて命を受けてから、交和にいたるま（での間）で、軍争というものが（最も）

難しいとするのである。

[五]（敵軍に自軍を）示すのに遠くにいるように見せ、その道程を近くすれば、敵よりも先に（戦地に）到着する。

[六]その道を遠いとするのは、（敵に）道が遠いことを示すのである。

[七]敵軍より後から出撃し、敵軍より先に（戦地に）到着するのは、距離を明らかにして、先に遠近の計を知るためである。

魏武注『孫子』軍争篇第七

魏武注『孫子』によれば、「軍争」とは、①将が命令を君主から受け、軍をあわせて兵を集め、部隊を編制して陣営を起こし、自軍と敵軍が対峙して宿営するまでに、先に有利な地を占め、勝ちを争うことをいう。そのためには、②敵よりも遅れて出発しながら、敵よりも早く戦場に着けば、有利な地点に陣を布くことができる。

ふつうに考えれば、遅れて出発しながら、早く着くことはありえない。③「迂直の計（遠近の計）」と表現されるこの方法について、魏武注は、④（敵軍に自軍を）示すのに遠くにいるように見せ、その道程を近くすれば、敵よりも先に（戦地に）到着する、と解釈している。まさしく「兵は詭道」、騙しあいから戦争は始まる。

軍の危険

『孫子』は、軍を動かすことに、あくまで慎重である。軍争篇の続きで、軍争の利と危を論じているが、集中して説かれていることは、次のように危険についてである。

そのため（よい）軍争は利となり、（よくない）軍争は危となる［八］。①軍をこぞって（戦地の）利を争えば、（遅れて）間に合わない［九］。②軍（の一部）を棄てて（戦地の）利を争えば、（遅れる）輜重が棄て置かれる［一〇］。そのため鎧を巻きあげて走り、昼夜も（休息のために）止まらず［一一］、速度と道程を倍にして、③百里を行軍して（戦地の）利を争えば、（上軍・中軍・下軍の）三（軍の）将軍は敵に捕らえられる［一二］。強壮な者は先に行き、疲弊した者は遅れ、到着する比率は十分の一となる。④五十里を行軍して（戦地の）利を争えば、上軍の将軍を捕らえられ、到着する比率は半数が到着する［一三］。⑤三十里を行軍して（戦地の）利を争えば、三分の二が到着する［一四］。このため⑥軍に輜重がなければ滅び、食糧がなければ滅び、財貨がなければ滅ぶ［一五］。

［八］（軍争の）よいものは利となり、よくないものは危となる。

［九］（戦地への到着が）遅れて間にあわないのである。

［一〇］輜重を置けば、棄て置かれる心配がある。

［一一］（昼夜止まらなければ）休息することができない。

［一二］百里（行軍して）利を争うのは、誤りである。（それをすれば上軍・中軍・下軍の）三（軍の）将軍はすべて捕らえられる。

［一三］蹶は、挫（くじ）くのような意味である。

［一四］道が近く到着する者は多いので、（将軍が）戦死するほど敗れることはない。

［一五］（輜重・食糧・財貨という）この三つがないものは、滅びの道である。

魏武注『孫子』軍争篇第七

「軍争」では、敵よりも遅れて出発しながら、敵よりも早く戦場に着き、先に有利な地を占めなければならない。そのため①全軍を挙げて行軍して、有利な地を目指すと間にあわない。遅れて動くことが前提だからである。それでは、軍の中で動きが最も遅い輜重〔軍隊の糧食・被服・武器・弾薬など軍需品を輸送する部隊〕を置いていけばよいのか。軍が⑥輜重を奪われれば戦いは敗退する。

したがって、なるべく長い距離を軍争しないことが重要になる。その距離感と損害の関係は、③百里の彼方であれば三将軍が捕らえられ、④五十里であれば上軍の将軍と兵の半分が失われ、⑤三十里であれば兵の三分の一が失われる、という。

このように敵よりも早く戦場に着くことを主目的とする「軍争」は難しい。それを有利にするためには、地形を知ってその特性を理解しながら行軍し、さらには地形に応じた戦いを展開する必要がある。

4 地形を知る

六種の地形

『孫子』は、戦う際に最も重要な情報の一つになる地形について、地形篇において六種の地形とそれに応じた戦い方を次のように述べている。

地形篇第十〔一〕

孫子はいう、地形には（四方に達する）①通(つう)という地があり、（険阻で互いの勢力圏が交錯(こうさく)する）②掛(かい)という地があり、（険阻(けんそ)な地に挟まれた狭隘(きょうあい)な地である）③支(し)という地があり、（二つの山あいを通る谷間である）④隘(あい)という地があり、（山川や丘陵である）⑤険(けん)という地があり、（互いに遠い平らな陸地である）⑥遠(えん)という地がある〔二〕。自軍が行くことができ、敵も来ることができる地は、通という。①通の地形では、（自軍が）先に高い南向きの地におり、糧道を確保して戦えば、（自軍に）利がある〔三〕。（自軍が）行くことができ、帰りにくい地は、掛という。②掛の地形では、敵の備えがなければ、そこに出て敵に勝つ。敵にもし備えがあれば、出ても勝てず、帰りにくく、（自軍に）利がない。自軍が出ても利がなく、敵が出ても利がない地は、支という。③支の地形では、敵が自軍に利をくわせても、自軍から出てはならない。（軍を）引いて支の地より退き、敵を半分ほど出させてこれを討てば、（自軍に）利がある。④隘の地形では、自軍が先に（その地に）いれば、必ずその地に（自軍の兵を）満たして敵を待つ。もし敵が先にこの地におり、（敵が兵を）満たしていれば追って（攻めて）はならない。（敵が兵を）満たしていなければ追って（攻めに）いく〔四〕。⑤険の地形では、自軍が先にこの地にいれば、必ず高く南向きの地におり敵を待つ。もし敵が先にこの地にいれば、兵を引いてこの地から退き、追ってはならない〔五〕。⑥遠の地形では、（自軍と敵の）勢が等しければ、敵を引き入れにくく、戦っても利がない〔六〕。およそこの六つの地への対応は、地の道〔原則〕である。将の最高任務であり、十分に考えなければならない。

〔一〕戦おうと思えば、地形を詳細に（把握）して勝ちを得るのである。

〔二〕この六つ（通・掛・支・隘・険・遠）は、地の形である。

［三］敵を引き寄せても、敵に引き寄せられてはならない。

［四］隘の形とは、二つの山の間で谷を通る（切り通しのような）地である。（そこでは）敵は（高地を利用するなど）勢により自軍を乱すことができない。自軍が先にこの地にいれば、必ず前で狭い入り口を限り、陣を置いてそこを守り、そのうえで奇兵を出すのである。敵がもし先にこの地におり、狭い入り口を限って陣を置いていれば、追って（攻めて）はならない。もし半分だけ狭隘な地に陣を置いていれば追い、敵と地の利を分かつ。

［五］地形が険阻狭隘なところでは、最も敵に引き入れられてはならない。

［六］戦いを挑むことは、敵を（こちらに）誘い込む（ことになる）のである。

魏武注『孫子』地形篇第十

このように地形篇は、四方に達する①「通」、険阻で互いの勢力圏が交錯する②「掛」、険阻な地に挟まれた狭隘な地である③「支」、二つの山あいを通る谷間である④「隘」、山川や丘陵である⑤「険」、互いに遠い平らな陸地である⑥「遠」という六種の地形、それぞれに応じた戦い方が必要であるとする。

具体的には、①「通」では、自軍が先に高い南向きの地におり、糧道を確保して戦えば、自軍に利がある。②「掛」では、敵の備えがなければ出て、備えがあれば出ても勝てず、帰りにくい、③「支」では、自軍から出てはならず、敵を半分ほど出させてからこれを討つ。④「隘」では、自軍が先にその地におり、自軍の兵を満たして敵を待つ。⑤「険」では、必ず先に高く南向きの地におり敵を待つ。⑥「遠」では、勢が等しければ、戦っても利がない、という。

六種の地形のうち、①「通」、②「掛」、④「隘」、⑤「険」の四種は、必ず自軍が先に戦場に着いている必要がある。先に有利な地形に拠らなければ、戦いが不利になるためである。残りの③「支」、⑥「遠」も、先に着くことに何ら不都合はない。

このように六種の地形での戦い方を検討していくと、いかに困難であっても、敵よりも先に戦場に到達すること、すなわち「軍争」の重要性を再確認することができるのである。

場所に応じた戦い

『孫子』は、行軍篇において、地形篇で扱った六つの地形に加えて、軍を置く場所ごとの戦い方について、次のように述べている。

行軍篇第九〔一〕

孫子はいう、およそ軍を置いて敵に向かうには、山をわたるには（水や草に近い）谷により［二］、（山の）南（面）に沿って高いところにおり［三］、（自軍は）高い場所で戦い（より高い場所にいる敵を迎撃するために）登ることはない［四］、①これが山にいる軍（の戦い方）である。川を渡れば必ず川から遠ざかり（敵を引きつけ）［五］、敵が川を渡って来たら、川の中で迎撃せず、（敵に川を）半分ほど渡らせてからこれを攻撃すると（敵は勢をあわせられず、戦いに）利がある［六］。戦いたいと思うものは、川に近づいて敵を迎撃することなく［七］、（後方の山の）南（面）に沿って高いところにいれば［八］、川の流れを（自軍に）注がれることはない［九］。②これが川のほとりにいる軍（の戦い方）である。（低湿地である）斥沢をわたるには、ただ速やかに立ち去り留まることがないようにする。もし兵を低湿地で交えれば、必ず水草の近くで、木々を背にする［一〇］。③これが低湿地にいる軍（の戦い方）である。平地では平坦な場所におり［一一］、高い土地を右にして背とし、（低い土地である）死を前にして（高い土地である）生を後にする［一二］。④これが平地にいる軍である。およそこの四つの（地の）軍の利は、黄帝が四帝に勝った理由である［一三］。

［一］（行軍するには）都合のよい地や方法を選んで行く。

［二］（谷は）水や草に近く、都合がよい。

［三］生とは、陽（山の南面）である。

［四］（高い場所で戦えば）高い（敵を）迎撃することがないためである。

［五］（川を渡れば川から遠ざかるのは）敵を引きつけ（川を）渡らせるためである。

［六］（敵軍が川を）半分渡れば、（敵兵の半分は川にいるので）勢はあわせることができない、そのため（敵を）破れるのである。

［七］附は、近という意味である。

［八］川のほとり（の自軍）は高い場所にいるべきで、前方は川に向かい、後方に高い場所があるところに（軍を）置くべきである。

［九］（川の流れが）自軍に注がれることを恐れるためである。

［一〇］自軍は敵軍と低湿地で会戦してはならない。

［一一］（易〈平坦な土地〉は）車や騎馬（の運行）に利があるためである。

［一二］戦に便利であるためである。

［一三］黄帝がはじめて帝として即位したとき、四方の諸侯もまた帝を称した。黄帝は四地によって（帝を称していた）諸侯に勝利した。

魏武注『孫子』行軍篇第九

『孫子』は、このように四つの場所に応じた戦いを示す。魏武注が実践的であるため、すべての注を掲げておいた。

①山にいる軍は、山の南側に沿って移動して高い場所で戦うべきである。曹操は、原文の「生」を「陽」と注をつけるが、山の「陽」とは、南斜面のことである。自軍が低湿な地にいることを避けるのは、戦いの基本である。また、②川のほとりにいる軍は、敵に川を半分ほど渡らせてから攻撃する。一度、川から遠ざかる理由について、曹操は敵を引きつけて渡らせるためである、と説明する。敵を低湿地に誘い込むのである。

③低湿地ではなるべく戦わず、戦うときには木々を背にする。曹操は、低湿地では会戦してはならないと明言する。曹操軍の主力は、騎兵であった。騎兵が低湿地を苦手とすることは、千年経っても変わっていない。モンゴル族の元（一二七一～一三六八年）が、ヴェトナムのメコンデルタで苦戦したように、④平地では、高い土地を右後ろに背負い、低いところにいる敵を攻撃する。車や騎馬に利がある平地でも、高い土地を背負って、「勢」を得ることに努めるのである。

このように、『孫子』は四つの軍を置く場所ごとの戦い方を指南している。ここでもまた、先に戦場に着くことにより、有利な地に布陣することが可能となるため、「軍争」が必要である。敵の虚を衝き、自らが「虚」となる「虚実」を用いることで、「軍争」を有利に進めることが、緒戦の重要な点となろう。

なお、黄老思想を尊重する『孫子』は、『老子』の字句を引用するだけではなく、黄帝が四帝に勝った戦い方から、それぞれの地形での戦い方を正統化している。ただし、「四帝」とは誰であるかを挙げることはできず、のちに『孫子』に注をつけた北宋の梅尭臣や王晳は、「四帝」という文字を「四軍」に改めるべきである、と主張している。

敵を知り地形を知る者は勝つ

このように、敵軍のあり方だけではなく、敵と戦う地形を知り、それに応じた戦い方を取ることにより、有利に戦いを始め、勝利に結びつけることができる。『孫子』は、それを地形篇の最後で次のように述べている。

自軍の兵卒が攻撃すべき（状況にある）ことを知り、敵が攻撃すべき（状況）ではないことを知らないのは、勝利の（可能性は）半分で（まだ勝敗が分からない状態で）ある。①敵が攻撃すべき（状況にある）ことを知り、自軍の兵卒が攻撃すべき（状況）ではないことを知らないのは、勝利の（可能性は）半分で（まだ勝敗が分からない状態で）ある。敵が攻撃すべき（状況にある）ことを知り、自軍の兵卒が攻撃すべき（状況にある）ことを知っていても、地形が戦うべきではない（状況である）ことを知らないのは、勝利の（可能性は）半分で（まだ勝敗が分からない状態で）ある［一四］。そのため（それらの条件を理解する）兵を知る者は、（兵を）動かして迷わず、（兵を）挙げて困窮しない。そのため、「②敵を知り己（おのれ）を知れば、勝利はようやく危うくなくなる。③天を知り地を知れば、勝利はようやく十全となる」というのである。

［一四］勝利の半分というものは、まだ（勝敗が）分からないことである。

魏武注『孫子』地形篇第十

『孫子』は、①敵が攻撃できるぐらい弱く、自軍が攻撃できるぐらい強い場合にも、地形が戦うべきか否かが分からなければ、勝利の可能性は半分であるという。戦いにおける地形の重要性は、それほどまでに高い。

このため、有名な言葉である②「敵を知り己を知」る、という状態だけでは、なお勝利が危うくなくなるだけで、勝利を得られるわけではない。それに加えて、③「天と地を知る」ことで、十全な勝利を得られるというのである。『孫子』は、地形に応じて戦うことをきわめて重視しているのである。

このように『孫子』は、「形」や「勢」だけでなく、「虚実」や「気」といった先進的な概念を用いながら戦いを分析すると共に、勝利に重要な地形に応じた戦い方をも示している。これだけ勝つための方法を理論化したのであれば、戦えば必ず勝つようにも思われる。それにも拘らず、なぜ『孫子』は、なるべく戦いを避けようとするのであろうか。それは、戦いに掛かる莫大な費用をいかに賄うかという、きわめて実践的な課題があるためであった。

第六章　実践性──日に千金を費やす

1　戦争を支える輜重

一日千金

『孫子』の第三の特徴は、戦争が一日に千金を費やし、国を経済的に滅亡させることを説き、それへの対処を的確に考えていく実践性にある。魏武注『孫子』の最終章である用間篇(ようかんへん)は、間諜を用いることを説く篇でありながら、篇の冒頭で、戦争を起こした際の負担の重さを次のように述べている。

用間篇第十三〔一〕

孫子がいう、およそ十万の軍勢を動かし、千里の彼方(かなた)に遠征すれば、民草(たみくさ)の出費、国の支出は、一日に千金を費やし、(国の)内外は騒がしく、(遠征のために疲弊して)道路に怠(なま)け、農事を行えない者は、七十万家にのぼる〔二〕。

〔一〕戦いには必ず先に間諜を用いて、敵情を知るのである。

〔二〕いにしえは、八家を隣(りん)とした。(そのうちの)一家が従軍すれば、(残りの)七家は(従軍する)一家を支えた。言いたいことは十万の軍隊を起こせば、農業に従事できない者は、七十万家になるということである。

魏武注『孫子』用間篇第十三

『孫子』によれば、①十万の兵を起こして、千里の彼方に遠征すると、一日ごとに千金を費やすという。漢代では「中家(ちゅうか)」、すなわち中産階級の総資産は、十金とされる。現在の総資産の中央値を一千万円とすると、千金は十億円となる。百日間にわたり戦争をすれば、一〇〇〇億円が吹き飛ぶ。

ポール・ポースト、山形浩生(やまがたひろお)(訳)『戦争の経済学』(バジリコ、二〇〇七年)によれば、アメリカが第二次世界大戦に投入した直接費用の総額は、二八八〇億ドルであり、一九四五年のGDP比で一三二％に及ぶという。アメリカが第二次世界大戦に参戦したのは、四一年からで、しかも戦勝国である。それでも、これほどの費用が掛かる。

敗戦国である日本が、東アジア・太平洋戦争に投入した費用は、旧大蔵省の調査（『昭和財政史』）によれば、約七六〇〇億円にも及ぶという。『孫子』は、こうした国を滅ぼすような膨大な戦費のゆえに、戦争を起こすことをなるべく避けようとしたのである。

　もちろん、戦争の負担は、直接的なものに限らない。『孫子』によれば、十万の兵を起こして、千里の彼方に遠征すると、②耕作に携われない者が七十万家にも及ぶという。曹操は、これを③七家が一家を支えることになると計算している。戦争の規模は、次第に大きくなるが、とりあえず、漢代で考えてみよう。

　漢代では、一家は平均五人より構成され、二人を働き手とする。漢代の総人口は、約五千万人なので、二千万人のうちの、七十万家×二の百四十万人が、十万の兵を起こして、千里の彼方に遠征すると、戦争により働きを奪われる、というのである。これが十万や千里を超えれば、負担はさらに大きくなる。

　『孫子』は、作戦篇（さくせんへん）の冒頭でも、十万の兵を起こして、千里の彼方に遠征する際の費用を千金としたうえで、具体的な負担を次のように述べている。

作戦篇第二［一］

孫子はいう、およそ兵を動かす（際の）原則は、①（四頭の馬を車につける軽車である）馳車は千台［二］、（四頭の馬を車につけ騎兵一騎と歩兵十人を備える重車である）革車は千台［三］、武装した士卒十万人であり［四］、（国境を越えること）千里（の彼方）に食糧を運搬する［五］。そのためには内外の経費、賓客の費用、膠や漆など（武具）の材料、兵車や甲冑の供給などに、②一日に千金を費やす。そののちに十万の軍隊を動かす［六］。

［一］戦おうとすれば必ず先にその戦費を計算し、なるべく兵糧を敵に依拠する。

［二］（馳車とは）軽車である。四頭の馬をつけた車千台である。

［三］（革車とは）重車である。万乗のような重さをいう。車一台ごとに四頭の馬、歩兵十人、騎兵一騎である。重車の補給のための二人は炊飯を担当し、一人は重装備を保全することを担当し、厩の二人は馬を飼育することを担当する、すべてで五人である。歩兵は十人である。重車は大車（長轂車）であり牛を繋ぐこともできる。（歩兵十人のための）補給のための二人は炊飯を担当し、一人は戦いの装備を保全することを担当する、すべてで三人である。

［四］馳車は、軽車である。四頭の馬を（車に）つける。革車は、主車である。

［五］国境を越えること千里である。

［六］考えてみると、（戦功への報）賞を支払うことは、なおこれら（千金の費用）の外にある。③

魏武注『孫子』作戦篇第二

このように作戦篇では、具体的な軍隊の編制に触れながら、戦争に掛かる費用について説明している。『孫子』によれば、およそ兵を動かすときの原則は、①馳車を千台と革車を千台、そして武装した士卒十万人により、千里の彼方に食糧を運搬して戦うものであるという。ここでは、かなり大規模な戦争が想定されており、現行の『孫子』が、春秋時代を生きた孫武の著述のみに留まらないことが明らかになろう。十万人規模での集団戦が原則となっていくのは、戦国時代も後半に入ってからである。そうした大規模な戦いの結果、②一日に千金を費やす、というのである。

曹操は、さらに③戦功への報賞の支払いは、千金の費用の外にあることに注意を促し、千金のほかに恩賞などを与える費用が加わると指摘する。戦おうとすれば、必ず先にその戦費を計算し、なるべく兵糧を敵に依拠しなければならない。

莫大な費用が掛かることは、勝ったとしても同じである。このため、謀攻篇では、「百戦して百勝するは、善の善なる者に非ざるなり」と述べ、すべての戦いに勝利したとしても、それが最善ではなく、避けられる戦いは避けるべきであると主張するのである。

これは、よく分かる。そのとおりであろう。避けられる戦いは避けたい。それでも、侵略戦争を仕掛けられた場合、戦わなければ国家は滅亡する。『孫子』は、墨家や儒家のように、反戦を主張するのではなく、戦争に莫大な費用が掛かることを踏まえたうえで、どのように戦うべきかを実践的に示していく。戦争が避けられない場合、『孫子』作戦篇は、次のように戦うべきであると主張する。

> 戦いを行うには、勝っても（戦いの期間が）長くなれば軍を疲弊させ士気を挫く。城を攻めると（長期戦となり）力が尽き［七］、長く軍を（戦場に）晒せば国家の財政が不足する。①軍を疲弊させ士気を挫き、力も尽き財も尽きれば、（他の）諸侯がその疲弊に乗じて蜂起する。（そのときには自国に）智者がいても、疲弊の後をうまく（対処）できない。②このため戦争には（巧みでなくとも速さで勝つ）拙速は聞くことがあるが、巧みであっても長期にわたる（巧遅という）ものはない［八］。③そもそも戦争が長期で国家の利となることは、ありえない。このため兵を動かすことの害を知り尽くさない者は、兵を動かすことの利も知り尽くすことはできないのである。
>
> ［七］鈍は、疲弊という意味である。屈は、尽きるという意味である。

［八］巧みではなくとも、速さにより勝つことがある。「未だ覩ずみ」とは、ないという意味である。

魏武注『孫子』作戦篇第二

『孫子』は、やむをえず戦争になった場合には、とにかく戦いを長引かせないことを主張する。「拙速」は、現代の日本語では悪い意味でしか用いないが、②兵は「拙速」であることが求められ、巧みでも遅い「巧遅」は求められない。③長期間の戦争を行うことが不利であることは、経済的な負担の大きさだけではない。①勝利はしたものの、力も財も尽きたことを見た他国が、自国に攻め込んで来ることも、警戒しなければならないのである。『孫子』は、春秋・戦国時代の戦乱の中で磨かれてきた書籍である。その時代の国際関係の厳しさが、こうした記述に反映していると考えてよい。

このように『孫子』は、戦争には莫大な費用が掛かることを前提として、なるべく短期間に戦争を終わらせることを主張する。しかし、短期間であっても膨大な費用が掛かることは、間違いない。そこで、『孫子』作戦篇は、続けて敵を利用することを主張する。

2　敵を利用

敵から食べる

戦争に掛かる膨大な費用を賄うため、『孫子』作戦篇は、兵役は二度、食糧は三度、自国から運ぶことはない、と次のように述べている。

よく兵を用いる者は、兵役は二度徴発せず、食糧は三度（国から）運ばない〔九〕。軍需品は自国のものを使い、①食糧は敵地のものに依拠する。そうすれば兵糧は充足できる〔一〇〕。

国が戦争のために貧しくなるのは（兵糧を）遠くに運ぶためである。遠くに運べば民草は貧しくなる。軍隊の近くにいる者は高く売る。高く売るので民草の財は尽きる〔一一〕。財が尽きれば丘役が厳しくなる。（補給をする）中原の力は尽き、家の内は窮乏する。②民草の経費は、十のうちの七がなくなる〔一二〕。国家の経費は、戦車が壊れ馬は疲れ、（戦具である）甲冑や弓矢、楯や矛や櫓（が痛み）、（運搬のための）大牛や大車（などを失い）、十のうちの六がなくなる〔一三〕。

このため智将はできるだけ敵の兵糧を（奪って）食べる。③敵の一鍾（約一二八リットル）を食べるのは、自軍の二十鍾分に相当し、（馬糧の）豆がらや藁の一石（約三〇キログラム）は、自軍の二十石分に相当する［一四］。

［九］籍は、賦（兵役）のようなものである。言いたいことははじめて民を徴兵したら、すぐに勝利し、再び国に戻って兵を徴発しないということである。④はじめて兵糧を運んだら、その後は兵糧を敵から奪い、兵を返して国に入るまで、また兵糧を補給することはない。

［一〇］兵の甲冑や戦いの用具は、国の内部に求め、兵糧は敵地のものに依拠する。

［一一］軍勢がすでに境界より出ると、軍に近い者は財を貪り、みな高く売るので、民草（の財）が枯渇するのである。

［一二］丘は、十六井である。⑤民草の財が尽きても兵が止まなければ、（民草は）兵糧を運び力を戦場に尽くす。十のうち七が失われるのは、（想定した）費用を上回るからである。

［一三］丘牛とは、丘邑の牛をいう。大車は、長轂車のことである。

［一四］六斛四斗で鍾とする。萁は、豆稭である、秆は、禾藁である。石は、百二十斤である。⑥（食糧を）輸送する原則は、二十石を費やしてようやく一石を運ぶことができ

る。

「糧は三たびを載せず」の「三」を「何回も」ではなく、「三」回と解釈するのは、曹操に従うためである。曹操は、④最初に食糧を積んで敵国に入る一回と、敵に勝って凱旋するときに一回食糧を運ぶだけなので、「三」回目はない、と解釈する。敵の領土に踏み込み、①敵の食糧を奪って戦うことを原則とする厳しい解釈である。また、兵役を二度しないことは、戦い方として現在も否定される、兵力の逐次投入を行わないことを意味する。

敵から食糧を奪い取って戦うべき必要性として述べられることは、国家財政および民草の家計の破綻である。戦争によって、②民草の家計は七〇%、国家財政は六〇%の損害を受けるというが、曹操は、⑤短期決戦にせず、兵を止められないためであると考える。なお、「丘」と「井」は、共に農地の区画の単位であり、『春秋左氏伝』成公伝元年の杜預注によれば、丘ごとに牛馬を賦税として徴収した、という。

したがって、なるべく敵より食糧を奪うべきで、『孫子』は、その効果を③一鍾を食べるのは、二十鍾分に当たるという。曹操によれば、食糧を輸送する場合には、一石を運ぶために二十石の費用が掛かるためである。

敵戦力を流用

『孫子』が敵から得ようとしたものは、食糧だけではない。敵の兵士や戦車などの戦力も奪うべきことが、作戦篇に次のように述べられている。

　そして敵兵を殺すのは怒（ふるいたった気勢）であり［一五］、敵の利（とする兵士）を奪い取るのは財貨や褒賞である［一六］。そこで戦車戦で、戦車十台以上を鹵獲すれば、先に賞を（降伏して自軍に）得た者に与え（さらなる降伏を促し）［一七］、敵の旗を自軍のものに改め［一八］、①（鹵獲した）戦車は（自軍のものと）混在させて乗せ［一九］、②（降伏した）兵は優遇して十分に養う。③これが敵に勝って強さを増すということである［二〇］。

［一五］威し怒ることにより敵に（威力を）とどろかせる。

［一六］軍に財貨がなければ、（敵の）兵士は（自軍に）来ない。軍に褒賞がなければ、（自軍の）兵士は行かない。

［一七］戦車戦で敵の戦車十乗以上を鹵獲できれば賞を与えるのに、戦車戦で敵の戦車十乗以上を鹵獲した（自軍の）者はこれを賞するとは言わず、（降伏して敵国から）得た者を（自軍よりも先に）賞するというのはなぜか。言いたいことは（降伏させて）

手にいれた戦車の卒を賞することを開き示し（他の敵の戦車の降伏を促し）たいからである。戦車での陣法は、五つの戦車により一つの隊とし、僕射が一人いる。十軍を官とし、卒長が一人いる。戦車が十乗に満ちれば、将吏は二人いるので、そこで（自軍では）彼らを登用する。このため（降伏した者たちには）別に賞を与えると言って、将により恩を下に行き渡らせようとするのである。ある者は、「言いたいことは自軍が戦車十乗以上あり敵と戦わせるには、ただその中で功績がある者を（先に）取り立ててこれを賞し、（鹵獲した）戦車が十乗以下の場合、一乗だけを鹵獲したとしても、（先に）そのほかの九乗の分もすべて賞を与えるのは、進撃を保ち兵士を奨励するためである」と言っている。

［一八］自軍（の旗）と同じにするのである。

［一九］（降伏した戦車を自軍の戦車に混ぜ）一台で行かせないのである。

［二〇］自軍の強さを増やすのである。

魏武注『孫子』作戦篇第二

ここの前半の部分は、解釈に幅があり、曹操とは異なる解釈もある。魏武注の［一七］に「ある者」の説が載せられ、その前の曹操の注が長いのは、そのためである。さすがの曹操も、何百年も前の『孫子』について、すべて完璧な解釈ができたわけではない。『孫子』の主張は、ここでは後半にある。そこでは、①降伏させた戦車は、自軍の中に組み込み、②降伏させた兵は、優遇して戦わせる。このように敵に勝利を収めて得た敵軍を自軍の一部としていくことにより、③敵に勝つことで強さを増していくことの重要性が述べられている。

兵は拙速を貴ぶ

以上のような議論を進めた後、『孫子』作戦篇は、次のように結論を述べる。

だから兵（を用いる方法）は（軍が強さを増すので敵に）勝つことを尊重し、（国家と民草を消耗させるので）長期戦を尊重しない〔二一〕。

そこで兵（の用い方）を知（り、敵の食糧・軍事力を利用し、短期決戦を行え）る将軍は、民草の命運を司（つかさど）る者であり、国家の安寧と危急を決する主体なのである〔二二〕。

〔二一〕長期戦となれば不利なのである。兵は火のようなものである。おさめなければ自然と焼けてしまうのである。

〔二二〕将が賢ければ国家は安泰である。

魏武注『孫子』作戦篇第二

戦いは、莫大な費用が掛かるため、将軍は短期決戦をして、勝利を収めることで、敵の食糧と軍事力を利用していく。このように戦えば、国家は安泰であるという。戦いを短期間に決着するためには、将が己の兵法を磨く必要がある。まずは、千変万化する戦いに適応しなければならない。

3　変化に対応

テキスト問題とそれへの対処

戦いは、状況の変化に応じて、様々に形を変えていく。自軍が「虚」になるためには、様々な「形」に自由自在に応じる「水」のように変化できなければならない。そのためには、どのような場合には、いかに対処すればよいか、という状況の変化への対応を身につけなければならない。ただし、現行の『孫子』九変篇には、テキストの問題が指摘されており、変化の事例は五つである。「九」変篇であるのに九つはないのである。

そこで、本書に引用している『孫子』は、すべて次のような校勘を経ているのであるが、動きが大きい九変篇を利用して、テキスト問題への繁雑な対処方法を示しておこう。まず、本書が底本としている、京都大学附属図書館清家文庫蔵、永禄三（一五六〇）年十月五日唐本書写清原家本『魏武帝註孫子』を楊丙安の『十一家注孫子校理』（『新編諸子集成』第一輯、中華書局、一九九九年）で校訂した本文に基づいて翻訳した、現代語訳を掲げよう。

九変篇第八〔一〕

孫子がいう、およそ兵を用いる方法は、将が命令を君主から受け、軍をあわせ兵を集める（そののち部隊を編制して陣営を起こす）。①圮地〔水浸しの地〕では宿ることなく〔二〕、②衢地〔四方に通じた地〕では（諸侯と）盟約し〔三〕、③絶地〔活路のない地〕では留まることなく〔四〕、④囲地〔山に囲まれた地〕であれば謀略を発し〔五〕、⑤死地〔撤退できない地〕であれば死戦する〔六〕。

(1)道には経由しないところがあり〔七〕、(2)軍には攻撃しないところがあり〔八〕、(3)城には攻撃しないところがあり〔九〕、(4)地には争奪しないところがあり〔一〇〕、(5)君命には受諾しないところがある〔一一〕。（そのため）将で九変の利に通じている者は、兵の用い方を知っている。将で九変の利に通じていない者は、地形を知っていても、地の利を得ることができない。兵を統治していて九変の術を知らなければ、五利を知っていても、人の用〔兵の働き〕を得ることができない〔一二〕。そのため智者の配慮は、必ず利害を交え〔一三〕、利に交えて（害を知れば）務めを述べ行うことができ〔一四〕、害に交えて（利を知れば）憂いを解くことができる〔一五〕。

〔一〕兵の用い方の正を変じて、その用いることができるものには九つある。

〔二〕（圮地に宿らないのは）依るところがないからである。水により（堤防を）壊されていることを圮という。

〔三〕（衢地では）諸侯と（盟約を）結ぶ。衢地とは、四方に通じる地である。

〔四〕（絶地では）長く留まることがない。

〔五〕（囲地では）奇兵と謀略を発する。

〔六〕（死地では）死戦するのである。

〔七〕狭隘艱難（かんなん）の地は、（そこを）経由すべきではない。やむをえずそこを通るならば、権変を用いる。

〔八〕軍には攻撃できても、地が険しく留まり難ければ、先（に得た）利を失う。もしその地を得ても利が少なければ、困窮した兵は、必ず死戦することになる。

〔九〕城が小さくとも堅牢で、兵糧が豊かであるのは、攻めるべきではない。操（わたし）が華県（山東省費県の北東）と費侯国（山東省費県の北西）を捨てておいて深く徐州に侵攻し、十四県を得た理由である。

［一〇］小さい利の地は、争って（それを）得ても失うのであれば、（はじめから）争わないのである。

［一一］かりそめにも兵事に便益があれば、君命にはこだわらないのである。

［一二］（五利とは）下の五変をいう。❶

［一三］（自身に）利がある状況にあっては害を思い、害がある状況にあっては利を思う。難しい状況にあって権（臨時的措置）を行うのである。

［一四］敵（の状況）をはかり五地に依拠できなければ、我が害となる。❷（それを知れば、なすべき）務めを述べられる。

［一五］すでに利のある状況におれば、また害をはかる。（そうすれば、困難な）憂いも解決できる。

魏武注『孫子』九変篇第八

『孫子』九変篇の冒頭、①から⑤までは、①圮地（ひち）、②衢地（くち）、③絶地（ぜっち）、④囲地（いち）、⑤死地（しち）というそれぞれ特徴のある五つの地形において、どのような戦いを行うべきかが論ぜられる。そののち、⑴道、⑵軍、⑶城、⑷地、⑸君命について、原則どおりに行わない場合があることが述べられている。この両者が九変であるとすれば「十」、どちらか片方であれば「五」となって、九変篇でありながら「九」にならない。

また、前の段落の文章の前半三句が軍争篇、後半八句が九地篇(きゅうちへん)の前半とほぼ重複していることから、ここにはテキスト上の問題、すなわち重複した箇所には他篇からの竄入(ざんにゅう)が、不足部分には脱落が予想されてきた。

従来の研究で賛同者が多い解決法は、九変篇第八の前篇である軍争篇第七の最後の段落を九変篇に加え、九変篇の最初の段落を一部を残して削り、入れ換える方法である。軍争篇の最後の段落を掲げよう。

> そのため用兵の法は、①高い丘には向かってはならない。②丘を背にした（敵を）迎撃してはならない。③（敵の）偽りの敗走に従って（追撃しようとして）はならない。④（敵の）鋭敏なる兵卒を攻撃してはならない。⑤（敵の）陽動の兵に食らいついてはならない。⑥（自国へ）帰ろうとする敵軍（帰師(きし)）を遮(さえぎ)ってはならない。⑦敵軍を包囲するには必ず（敵が生きる路を示すため包囲を）欠き、⑧窮地にたった敵には迫ってはならない。これが兵を用いる法である。
>
> 魏武注『孫子』軍争篇第七

『孫子』が編纂された時代には、竹簡・木簡が使われており、錯簡(さっかん)〔簡を入れ違えること〕や前の篇の簡が誤って後の篇に入ることがあった。したがって、意味が通らない場合には、わりあい積極的に字句の入れ換えを行う。ここでは、九変篇の最初の段落を一部を残して削ったうえで、この軍争篇の最後の段落を入れることで「九」の解決をはかることが多い。一部を残すのは、ここに掲げた軍争篇の最後の段落も①〜⑧の八つしかなく「九」にならないため、九変篇の最初の段落のうち他篇と重複しない③「絶地」だけを残すことによる。それにより「九」にすることで、九変という篇題と一致させる。これが古来、行われてきた『孫子』に対する校勘である。

曹操の解釈する「変」

今から二千年以上も前の先秦時代の古典を読む際には、多かれ少なかれ、こうしたテキストの乱れを解決する作業が必要となる。伝写資料や出土資料により、テキストの乱れが一気に解決することもある。だが、『孫子』の研究を進展させた「銀雀山漢簡」も、ここは、「……瞿（衢）地……地則戦八二、……攻、地有所不争、□……於九八三……能得地八四」〔右下の漢数字は、簡番号〕という残り方であるため、問題を解決しない。本書が魏武注『孫子』、すなわち曹操が定めた『孫子』を読む、と前提にしているのは、このためでもある。

曹操が読んだ複数の『孫子』は、すでにみな「九」変は揃っていなかったようである。それは、前述の魏武注［一二］に、五利とは❶「下の五変をいう」と記され、［一四］に❷「五地」という言葉があることから分かる。すなわち、曹操は前半の段落の①～⑤を❷「五地」に関する記述と考え、後半の段落の⑴～⑸を❶「五変」と捉えているのである。曹操は、九変篇の「九」を「五」とあわせる必要はないと考えていた。あるいは、「九」を「究」と考えていた可能性もある。『列子』天瑞篇には、「九変なる者は究なり（九変者究也）」という字句もあり、それほど突飛な解釈ではない。

いずれにせよ、曹操は、⑴道、⑵軍、⑶城、⑷地、⑸君命について、原則どおりに行わない場合を「変」と捉え、それに臨機応変に対応することが必要であると考えていた。すなわち、曹操は、「九」変篇において九の変化を説明することはせず、「五」つの「変」への臨機応変な対応を求めているのである。

4　常山の蛇

九地ごとの対応法

戦いは、自軍と敵軍が置かれている状態によって、大きく異なる。そのために「軍争」を行うことで、自軍に有利な土地に布陣すべきことは、すでに見た。しかし、戦いは地形だけで定まるわけではない。第3節で見たような、相手の「変」に対して、臨機応変に対応する必要性もある。そのためには自軍が現在、どのような立場に置かれているのか、どのような状態を目指し、敵と相対するべきなのか、という状況ごとの対応法をまず知っておく必要がある。九変篇の前半と重複のある『孫子』九地篇は、戦場の地理的条件と関わりながら、自軍の状況を「九地」に分類し、それを知ることから始めていく。

九地篇第十一［一］

孫子はいう、兵を用いる（地形の）原則には、①散地（さんち）があり、②軽地（けいち）があり、③争地（そうち）があり、④交地（こうち）があり、⑤衢地（くち）があり、⑥重地（じゅうち）があり、⑦圮地（ひち）があり、⑧囲地（いち）があり、⑨死地（しち）がある［二］。①諸侯が自らの地で戦う地は、（兵が逃散しやすい）散地である［三］。②敵国に侵入しても深く進軍していない地は、（兵が自国に帰りやすい）軽地である［四］。③自軍が（その地を）得ても利があり、敵が（その地を）得ても利がある地は、（少数で多勢に勝ち、弱兵で強兵を攻撃できる）争地である［五］。④自軍が進むことができ、敵軍が来ることができる地は、（道が互いに入り乱れる）交地である［六］。⑤諸侯の地が隣接し［七］、先に至れば（隣接する諸侯の助けを得て）天下の兵を得られる地は、衢地である［八］。⑥敵国に深く侵入し、多くの城市を背にする地は、（帰りにくい）重地である［九］。⑦山林・険阻（な地）・沼沢地など、おしなべて行軍しにくい道の地は、（堅固な地が少ない）圮地である［一〇］。（そこへの）⑧入り口が狭く、（そこからの）帰路が遠回りで、敵が少なくとも自軍の多勢を攻撃できる地は、囲地である。⑨迅速に戦えば生き残り、迅速に戦わなければ亡びるという地は、（前方には高い山があり、背後に大きな川があり、軍を進めても進められず、退いても障害がある）死地である［一一］。

このため散地では①戦わず、軽地では②留まらず、争地では③攻めず（に先に着き）［一二］、交地では（軍を）④分断させず［一三］、衢地では（まわりの諸侯と）⑤交わりを結び［一四］、重地では⑥侵掠（しんりゃく）して（兵糧を蓄積し）［一五］、圮地では⑦（留まらずに）行き［一六］、囲地では（奇兵と）⑧謀略をめぐらし［一七］、死地では（死を覚悟して）⑨戦う［一八］。

［一］戦いを必要とする地形は九つある。

［二］これらが九つの地形の名である。

［三］（散地は）士卒が（自分の）土地を慕い（家への）道が近いので、逃散しやすい（地である）。

［四］（軽地は）士卒がみな（自国へ）帰りやすい（地である）。

［五］（争地は）少数で多勢に勝ち、弱兵で強兵を攻撃できる（ので争って取る地）である。

［六］（交地は）道が互いに入り乱れている（地である）。

［七］（衢地(くち)は）自軍と敵軍がぶつかるときに、他（の諸侯）国が隣接する（地である）。

［八］（衢地は）先に到着すれば、隣接するほかの国（諸侯）の援助を得られる（地である）。

［九］（重地は）帰りにくい地である。

［一〇］（圮地(ひち)は）堅固な地が少ない。

［一一］（死地は）前方には高い山があり、背後には大きな川がある。軍を進めても進められず、退いても障害がある（地である）。

［一二］（争地では敵を）攻めるべきではない。（敵より）先に（争地に）着くことを利とすべきである。

［一三］（交地では軍を）互いに繫げさせるのである。

［一四］（衢地ではまわりの）諸侯と（盟約を）結ぶのである。

［一五］（重地では略奪して）兵糧を蓄積するのである。

［一六］（圮地では）滞留することがないのである。

［一七］（囲地では）奇兵謀略を発するのである。

［一八］（死地では）死を覚悟して戦うのである。

『孫子』は九種類の土地と戦い方を次のように述べている。①散地は、諸侯自らの地であり、そこでは兵が逃散しやすいので戦わない。兵の自宅が近いためである。②軽地は、敵国に侵入しても深く進軍していない地であり、そこでは兵が自国に帰りやすいので留まらない。散地よりは良いが、まだ近い。③争地は、自軍が得ても、敵が得ても利があるので、攻めずに先に着く。争ってでも手にいれる地である。

④交地は、自軍が進むことができ、敵軍も来ることができる地であり、そこでは軍を分断させせずに戦う。⑤衢地は、諸侯の地が隣接し、先に至れば天下の兵を得られる地であり、まわりの諸侯と交わりを結ぶ。戦いの中には、外交も含まれるのである。⑥重地は、敵国に深く侵入し、多くの城市を背にする地であり、侵掠して兵糧を蓄積する。軽地の反対である。⑦圮地は、山林・険阻な地・沼沢地など、おしなべて行軍しにくい道の地であり、留まらずに行く。⑧囲地は、入り口が狭く、そこからの帰路が遠回りで、敵が少なくとも自軍の多勢を攻撃できる地であり、謀略をめぐらす。⑨死地は、迅速に戦えば生き残り、迅速に戦わなければ亡びる地であり、そこでは死を覚悟して戦う。

①②⑥は、自国からの距離と関わり、③④⑤は、その地が持つ戦略的な意義からの分類で

ある。⑦⑧は、特殊な地形であり、⑨は、戦いの状況と関わる。すなわち、九種類の土地といっても、そのすべてが地形を述べているわけではない。

このように九地篇は、九種類の土地との関わりの中で、自軍の置かれた状況とそれに適した戦い方を具体的に示す。まず、戦場となるべき土地と自分の状況を把握して、それに応じた戦い方を準備する。しかし、戦いには相手がいる。自分の都合だけで、戦い方を定めることはできない。九地篇は続けて、敵軍への対処法を論じていく。

敵への対処

『孫子』は、敵への対処として、敵をこのような状況に追い込むべきという理想の形と、敵が有利であった場合の双方に対して、敵への対処を述べている。二つの段落に分けて掲げよう。

古のよく兵を用いる者は、敵に対して、前軍と後軍とを連携できないようにし[①]、多数の部隊と少数の部隊とを助けあえないようにし、身分の高い者と低い者とを救援できないようにし、地位の高いものと低い者とを協力できないようにする。（こうすれば、敵の）兵は離れて集まれず、兵をあわせても統御できない。（さらに分散させるため敵の兵を動かす際、敵の兵は）利に合えば動き、利に合わなければ止まる［一九］。（ある人が）あえてお尋ねします、「敵が多く統制が取れていて（こちらに）来ようとしていたら、どう対処しましょう」と言った［二〇］。それには、「②まず（地の利のような）敵の頼りとするものを奪えば、（こちらの）思うとおりになるであろう［二一］。（その際に）戦い方は迅速を旨とし、敵の準備が間に合わないことに乗じ、（敵の）予測しない方法により、敵の警戒していないところを攻めるのである」と言った［二二］。

［一九］③敵（軍の連関性を）壊して（軍を）ばらばらにし、敵を乱して整えさせない。（敵の）兵を動かして戦うのである。

［二〇］（あえて問うという問いは）あるひとが質問したのである。

［二一］敵が頼りとする利を奪うのである。もし（自分が）先に有利な地に拠れば、敵は自軍の思うとおりになるであろう。

［二二］④孫子は、（敵の）兵が陣形を整えている状況を覆すのは難しいとすべきであるとしている。

魏武注『孫子』九地篇第十一

『孫子』は、敵を分断することが、敵への対処として最も重要であると考えている。そのために、①敵の前軍と後軍の連携を崩し、多数と少数の部隊を助けあえないようにし、身分の高い者と低い者を互いに救援できないようにすべきであると主張する。曹操は、③敵軍の連関性を壊して軍をばらばらにし、敵を乱して整えさせない、という『孫子』の主張を実現させるためには、敵の兵を動かして戦うことが必要である、と注をつけている。

また、『孫子』は敵が統制が取れた大軍の場合には、②地の利のような敵の頼りとするものを奪い、迅速に戦って敵の準備が間に合わないことに乗じ、予測しない方法で警戒していないところを攻めるのがよいという。ただし、曹操の注によれば、④敵の兵が陣形を整えている状況を覆すのは、たいへん難しい。唐の杜牧は、②を兵法の奥義であり、将の仕事の至高である、と評価する。そうした中で、曹操は、官渡の戦いで、自軍の十倍にも及ぶという袁紹の整った大軍を撃破している。ここで述べられている『孫子』の兵法を曹操がいかに実践しているかについては、終章で詳しく論ずることにしたい。

死地に追い込む

また、『孫子』は、敵軍を分断するだけでなく、自軍の能力を最大限に引き出す方法として、兵を死地に追い込むべきことを次のように述べている。

およそ他国へ侵攻する軍の原則は、①（敵国に）深く侵入すれば（兵は戦いに）専念するので、敵は勝てない。②豊かな田野を掠奪すれば、三軍ですら食糧を充足できる。（兵を）大切に養い疲弊させず、士気と力をあわせ蓄え、用兵の計略は、（敵が）予測できないものにする〔二三〕。こうした兵を③退路なき地に投入すれば、死んでも敗走しない。（兵が）死ぬ気になってどうして得られないものがあろうか〔二四〕、将士も力を尽くそう〔二五〕。兵はたいへん（な危機）に陥ると（戦意を集中させて）懼れなくなり〔二六〕、撤退するところがなければ（戦意は）確固たるものになり、（敵国に）深く侵入すれば（心は戦うことに）専一になり〔二七〕、④（追い詰められ）やむをえなければ（死ぬ気で）戦うのである〔二八〕。このために、こうした兵は修練せずとも警戒し、（将が）要求せずとも（自らすべきことを）理解し、統制せずとも（緊密に）親しみ、命令せずとも信従する〔二九〕。（怪しげなまじないの言を禁じて、疑惑（の計略）を捨て去れば、死に至るまで心を動揺させない〔三〇〕。自軍の兵に（物を焼いて）余分な財産がないのは、財貨（の多いこと）を嫌っているわけではない。余命がないのは、長生きを嫌っているわけではない（やむをえないのである）〔三一〕。（決戦の）軍令が発布された日、兵の座っているものは涙が襟をぬらし、横になっている者は涙が首を伝う（のは必ず死ぬと推しはかるためである）〔三二〕。こうした兵を退路なきところに投入すれば、（呉王僚を側近の目前で殺害した呉の刺客の）専諸や（斉の桓公に匕首を突きつけ、奪った土地を魯に返させた魯の将軍の）曹劌のような勇を持つ。


［二三］士気を養い、兵力をあわせ、予測できない計略を行う。

［二四］士卒が死ぬ気になって、どうして得られないものがあろうか。

［二五］難地にあって、（兵と将士とが）心を一つにするのである。

［二六］士卒が（危機に）陥って死地におれば、戦意を集中させ恐れないのである。

［二七］拘は、縛である。

［二八］人は追い詰められれば死戦⑤するのである。

［二九］将の意図を求めずに、自分から得るのである。

［三〇］怪しげなまじないの言を禁じて、疑惑の計を捨て去る。

［三一］みな物を焼くのは、財貨の多いことを憎むからではない。財を捨て死に赴くのは、やむをえないからである。

［三二］みな必ず死ぬと推しはかるためである。

魏武注『孫子』九地篇第十一

『孫子』は、敵の②田野を略奪して食糧を奪いながら、①敵国深く侵入して、兵士を戦いに専念させることを説く。九地でいえば、敵国に深く侵入し、多くの城市を背にする「重地」

である。それは、兵士を③退路なき地に投入することにより、④追い詰め、やむをえずに死ぬ気で戦わせるためである。曹操は、こうした戦い方を⑤「死戦」と表現している。

「重地」は「死地」となることも多く、そうした「死地」に自軍の兵を追い込むことによって、実力以上の力を発揮させることを『孫子』は求めているのである。

有機的連関性

『孫子』は、敵を分断することの重要性を九地篇の冒頭で述べていた。したがって、自軍は分断されることなく、相互に有機的な連関性を持ちながら、戦うことを重視する。『孫子』はそれを「常山(じょうざん)の蛇」と表現する。

そのためよく兵を用いる者は、譬(たと)えれば率然(そつぜん)のようなものである。率然[1]というものは、常山の蛇である。その頭を攻撃すれば、尻尾が向かって来て、その尻尾を攻撃すれば、頭が向かって来て、中央を攻撃すれば、頭と尻尾が共に向かってくる。(ある人が)あえてお尋ねします、「軍は率然のようになれるでしょうか」と。「なれる」と言った。かの呉人(ごひと)と越人(えつひと)とは互いに憎んでいるが、その船を共にして(川を)渡るにあたって暴風に遭えば、お互いに助けあうことは左右の手のようである。このために、馬を縛って（戦車の）車輪を（動けないように）埋めて（専守防衛に努めて）も、頼りにできない［三三］。②（兵が）等しく勇敢で一体となるのは、（上手な）軍政の方法による。（兵の）強弱（に拘らず）みな勝つのは、（強弱の勢を生かす）九地の理法による［三四］。そのためよく兵を用いる者が、あたかも手を取って（多くの兵を）一人を使うようにするのは、やむをえず戦うようにさせるからである［三五］。

［三三］方馬は、馬を縛ることである。埋輪は、（車輪を埋め）動かないことを頼りとするのである。これは専難（陣地を固め専ら難む）は権巧（臨機応変で巧みな戦法）には及ばないことをいっている。そのため、「馬を縛り車輪を（動かないよう）埋めて（陣地を固めて）も、頼りにできない」というのである。

［三四］（地の理とは）強弱の勢である。

［三五］（手を携えて一人を使うようにするとは、戦力を）整えて一つにする様子（の譬え）である。

魏武注『孫子』九地篇第十一

常山とは、北岳と呼ばれ、五岳の一つに数えられる恒山のことである。常山と呼ぶのは、前漢の文帝の諱（いみな）である劉恒（りゅうこう）を避けているからで、「銀雀山漢簡」は「恒山」につくっている。その①常山の蛇である「率然（そつぜん）」は、その頭を攻撃すれば、尻尾が向かって来て、その尻尾を攻撃すれば、頭が向かって来て、中央を攻撃すれば、頭と尻尾が共に向かってくるという。恐るべき蛇である。『孫子』の理想とする軍隊は、この蛇のような有機的な連関性を持たなければならない。

それを可能にするものは、②上手な軍政（軍の統括）にある。もろちん九地篇の文章であるため、その直後に強弱の勢を生かす九地の理法が重要である、という文章が続けられているが、軍隊の有機的連関性と九地の理法は、直接的な関係はない。

莫大な費用の掛かる戦争では、それを支える輜重（しちょう）は、敵から奪う食糧をも含めて必ず確保すべきである。そのうえで軍を「重地」に進めて、兵を「死地」に追い込む。これが九地の理法である。その際に、軍政を上手に展開することで、「常山の蛇」のような有機的な連関性を軍に持たせることができる、と主張するのである。

このために次に述べられるものが、軍の組織のあり方である。そこでは、今日でも有効性の高い普遍的な組織論が展開されていく。

第七章　普遍性——君命に受けざる所有り

1　軍の運用

奇兵と正兵

『孫子』の第四の特徴は、戦いに出た将軍が君主の命令であっても受けないなど現代にも通じる組織論を持つ普遍性にある。第一章の「孫武の練兵」で述べたように、孫武は、呉王闔廬（こうりょ）の要望に従って宮女を用いた練兵を行い、将は王命を聞かない場合もあると述べて、将である孫武の命を聞かない王の二人の寵姫を斬り、練兵を完成している。そうした『孫子』の軍隊の運用方法は、兵勢篇において、「奇正（きせい）」を中心に論ぜられる。

兵勢篇第五［一］

孫子はいう、およそ大人数（の軍）を少人数のようにおさめるのは、①分数（ぶんすう）（一定の数ごとに編制した部隊で戦うこと）による［二］。大人数（の軍）を少人数を戦わせるようにするのは、②形名（けいめい）（旗印（はたじるし）と金鼓（きんこ）を用いて戦うこと）による［三］。三軍の軍勢が、必ず敵と戦って負けることがないようにできるのは、③奇正（を組み合わせて戦うこと）による［四］。差し向けた兵が、（容易に敵に勝つことが）石を卵に投げるようなのは、（充実した自軍で空虚な敵軍を攻撃する）④虚実（きょじつ）による［五］。

［一］兵を用いるのは勢に任せるのである。
⑤［二］部隊が分であり、什伍が数である。
⑥［三］旗印を形といい、金鼓を名という。
⑦［四］先に出撃し正面から戦うことが正であり、後から出撃することが奇である。
［五］充実しきっている軍で空虚になりきっている軍を攻撃するのである。

魏武注『孫子』兵勢篇第五

『孫子』兵勢篇は、用兵上の重要な事項として、①分数、②形名、③奇正、④虚実を挙げる。④虚実については、虚実篇第六が別に用意されており、これ以上、議論が展開されることはない。本書でも、すでに第五章で敵の虚を衝くだけでなく、自らが「虚」となることが、『孫子』の虚実の特徴であることを述べている。

①分数は、魏武注に、⑤部隊が分であり、什伍が数である、と説明されるように、部隊を編制することである。万を超える軍隊を統率できるのは、それを部隊に編制して、それぞれに部隊長を置き、その信賞必罰を定めているからである。②形名は、魏武注が、⑥旗印を形といい、金鼓を名というと説明しているように、命令系統である。万を超える軍隊を戦わせるためには、太鼓を鳴らすと進み、鐘を鳴らすと退き、旗印に応じて様々な陣形を取ることが必要で、その命令系統を明確にすることが形名である。

①分数により部隊を組織し、②形名により命令系統を明らかにした後に、軍が必ず敵に負けないようにするものが③奇正である。曹操は奇正について、先に出撃し正面から戦うことが正であり、後から出撃することが奇であると説明している。それでは、正面から戦う「正」と後から出撃する「奇」をどのように組み合わせて勝利を収めるのであろうか。

その前に、②形名により命令系統を明らかにする方法だけ、簡単に見ておこう。

金鼓と旗印で動きを制御

『孫子』軍争篇には、鐘と太鼓、そして旗の使い方について、次のような記述がある。

軍政（ぐんせい）には、「言っても聞こえないので、鐘や太鼓を用いる。示しても見えないので、旌旗（せいき）を用いる」とある。そもそも鐘や太鼓と旌旗というものは、兵の耳目を集めて一つにするためのものである。兵がすでに一つになれば、勇敢な者も勝手に進撃できず、怯懦（きょうだ）な者も勝手に退却できない。これが兵を用いる法である。そのため夜戦では火や太鼓を多くし、昼戦では旌旗を多く用いるのは、兵の耳目（の受け取りやすさ）を変えるためである。

魏武注『孫子』軍争篇第七

実は、この部分は、前後の文章と繋がりが悪く、テキストに問題があるとされる。そのためか魏武注もついておらず、冒頭の「軍政」は、次に続く文章のタイトルであろうが、何かしらの兵法書なのか、軍の旧典なのかも定かではない。ただし、内容は分かりやすく、鐘や太鼓と旌旗というものは、兵の耳目を集めて一つにするためのものである、という一文が、②形名による命令系統を明確に示している。こうして命令系統を明らかにしたうえで、軍を将の意のままに動かして、「正」と「奇」の組み合わせにより敵を破っていくのである。

奇正の組み合わせ

兵勢篇は、「奇正」の用い方について、冒頭部分に続けて、次のように述べている。

およそ戦いとは、①正によって（敵と）会戦し、奇によって傍から（敵の）不備を攻撃することで勝利する［六］。そのためよく奇を出す者は、（その戦い方が）窮まらないこと天地のようであり、尽きないこと長江や黄河のようである。（奇正が窮まりなく）落ちてもまた昇ることは、太陽や月のようである。（奇正が尽きず）死と生を繰り返すことは、春夏秋冬のようである。（奇正が窮まりのないことは）音は五種類に過ぎないが、五音の変化は、すべてを聞くことができない。色は五種類に過ぎないが、五色の変化は、すべてを見ることができない。味は五種類に過ぎないが、五味の変化は、すべてを味わうことができない（ようなものである）［七］。②戦いの勢は奇正（の二種類）に過ぎないが、奇正の変化は、すべてを窮めることができない。奇正が互いに生ずることは、循環（する円）の端がないようなものである。③誰が奇正を窮めることができようか。

［六］正というものは（正面から）敵に当たり、奇というものは傍から（敵の）備えなきを討つ。

［七］（「窮まり無きこと天地の如し」より以下の文章は、みな）④奇と正が窮まりないこと

を譬えている。

魏武注『孫子』兵勢篇第五

『孫子』は、正面から戦う①「正」によって敵と会戦しながら、後から出撃する「奇」により敵の不備を攻撃することで勝利を収めるという。②「正」と「奇」は、二種類しかないものの、その変化は窮まりがない。たくさん書かれている文章は、魏武注が言うように、④奇と正が窮まりないことの譬えでしかない。最後には、③誰が奇正を窮めることができようか、と半ば絶望的にも読めることを書いているが、できないという意味ではない。

比喩は、「正」と「奇」の組み合わせが無数にあって尽きないことの表現である。それは、敵のあり方によって、「正」と「奇」の組み合わせを変化させるためであり、敵のあり方は無数だからである。すなわち、敵を知ることができれば、おのずから「正」と「奇」の組み合わせ方は定まる。敵を知ること、それは、斥候などによっても行われるが、軍そのもののあり方を知るためには、間諜による情報戦が主体となる。

2　情報戦

地形と自然

軍を率いて敵と対峙した将は、敵軍のあり方を考える情報戦に勝利しなければならない。そのためには、五感を研ぎ澄まし、地形や自然の情報から、敵軍の状態を推察していく。これについて、行軍篇は、次のように述べている。

軍のそばに険阻（高低が入り乱れた地）・潢井（池）・蒹葭（草の多い地）・林木（木の多い地）・蘙薈（覆い隠せる地）がある場合は、必ず慎重にそれを探索しなければならない。①ここは伏兵が隠れる場所だからである〔一八〕。②敵が近くて動かないのは、その地が険阻であることに頼っているからである。③遠くから戦いを挑んでくる者は、相手が進むことを求めているのである。布陣している地が平坦なのは、利があるためである〔一九〕。

〔一八〕険というのは、高低が入り乱れる地である。阻というのは、水が多い地である。潢というのは、池である。井というのは、低い地である。蒹葭というのは、多くの草が集まっているところである。林木というのは、多くの木があるところである。蘙薈というのは、隠し覆うことができる地である。（本文の）これより上は地形を論じ、これより下は敵情を図る。

［一九］（軍が）いるところが有利だからである。

魏武注『孫子』行軍篇第九

『孫子』は、軍を置く場合には、高低が入り乱れた地、池、草の多い地、木の多い地、覆い隠せる地などを慎重に捜索しなければならないとする。これらの場所が、①伏兵が隠れる場所だからである。

そして、②近くても動かない敵は、その布陣している土地が険阻であることを推察し、無理に攻めることを止めねばならない。③遠くから戦いを挑んでくる敵は、進むことを求めていると考え、誘いに乗らないようにする。

こうした地形に加えて、自然の動きにも心を配らなければならないことを行軍篇は、次のように述べている。

多くの木が揺れ動く[①]のは、（敵が）来るのである［二〇］。多くの草が障害となっている[②]のは、（敵が来ていると）疑わせるのである［二一］。鳥が（真上に）飛び立つ[③]のは、（その下に）伏兵がいるのである［二二］。獣が驚いている[④]のは、（敵が陣を広げ自軍を）包囲するのである［二三］。砂塵（さじん）が高く激しく舞い上がる[⑤]のは、戦車が来たのである。（砂塵が）低く[⑥]

広いのは、歩兵が来たのである。⑦散在して筋のように（砂塵が）あがるのは、木を伐採しているのである。⑧（砂塵が）少なく往来しているのは、陣を造営しているのである。

[二〇]（多くの木が揺れ動くのは）樹木を切り倒して、道を開いているためである。
[二一] 草を結んで障害物とするのは、自軍を疑わせようとしているためである。
[二二] 鳥が真上に飛び立てば、その下には伏兵がいる。
[二三]（獣が驚いているのは）敵が陣を広げ翼を張って、やって来て自軍を包囲するためである。

魏武注『孫子』行軍篇第九

『孫子』によれば、①多くの木が揺れ動くのは、樹木を切り倒して、道を開いているためで、それを敵が来る兆候（ちょうこう）と判断する。②多くの草を結んで障害物とするのは、敵が来ていると自軍を疑わせようとしていると判断する。③鳥が真上に飛び立つのは、その下に伏兵がいると判断する。日本では、源義家（みなもとのよしいえ）が、前九年・後三年の役（えき）の折、この項に基づいて伏兵を察知し、敵を破ったことが、『古今著聞集（ここんちょもんじゅう）』に記録されている。古来有名な部分なのである。④獣が驚いているのは、敵が陣を広げて翼を張り、やって来て自軍を包囲しようとしていると判断する。⑤砂塵が高く激しく舞い上がるのは、戦車が来たと判断する。⑥砂塵が低く広いのは、歩兵が来たと判断する。⑦散在して筋のように砂塵が上がるのは、木を伐採していると判断する。⑧砂塵が少なく往来しているのは、陣を造営していると判断する。

このように、自然に関する情報も収集して、それによって注意深く、敵軍の動きを察知するのである。

敵軍の状態の見分け方

敵が接触してくれれば、より明確に敵の状況を考えることができる。行軍篇は、次のような事例を掲げ、敵との接触に備えている。

（敵の使者の）①言葉が遜って（いながら、一方で）軍備を増やしているのは、進軍するのである［二四］。②言葉が強気であり進撃してくるのは（脅しているのであり、こののち）、退却するのである［二五］。③軽車が先に出て、部隊の側にいるのは、陣を布いているのである［二六］。（人質を伴う）④盟約もなく和平を請うのは、謀略である［二七］。⑤走りまわって兵を並べているのは、期（機会）を窺っているのである。⑥半分進み半分退くのは、誘っているのである。

［二四］敵軍の使者が来て（その外交の）言葉が遜っている際には、間諜に敵を偵察させ

る。敵は備えを増しているからである。

〔二五〕（言葉が強気で進撃するのは、退こうとしているのを）欺いているのである。

〔二六〕兵を布陣するのは、攻撃して戦おうとしているのである。

〔二七〕人質を渡す盟約ではなく和平を請う者は、必ず人を謀略にかけようとしているのである。

魏武注『孫子』行軍篇第九

『孫子』によれば、①敵の使者の言葉が遜っている場合には、間諜に敵を偵察させ、軍備を増やしている場合には、敵の進軍に備える。②敵の使者の言葉が強気で、進撃してくるのは、欺いて退却しようとしている。その場合には、追撃して敵に打撃を与えるとよいであろう。③敵の軽車〔馳車、四頭の馬を車につける〕が先に出て、部隊の側にいるときは、陣を布いているのである。④人質を渡す盟約ではなく、敵が和平を請う場合には、謀略にかけようとしているので、警戒しなければならない。⑤走りまわって兵を並べている場合には、機会を窺っているのである。⑥半分進み半分退くのは、誘っているのである。その誘いに乗ってはならない。

このように、敵との接触があった場合には、「兵は詭道」、すなわち騙しあいである、という『孫子』の思想に基づいた、虚々実々の駆け引きが展開される。

あるいは、敵の情報が少しでも取れれば、それに基づいて敵軍の状況を推察できる。このことについて、行軍篇は続けて次のように述べている。

①杖をついて立っているのは、飢えているのである。②(水を)汲んで先に飲むのは、渇いているのである。③利を見て進まないのは、(士卒が)疲弊しているのである[二八]。④鳥が集まるのは、(そこに軍がなく)空虚なのである。⑤夜に叫ぶのは、恐れているのである[二九]。

⑥軍が乱れているのは、将に威厳がないのである。⑦旗が動くのは、(規律が)乱れているのである。⑧軍吏が怒っているのは、(兵が)嫌になっているのである。⑨馬を殺してその肉を食べているのは、軍に兵糧がないのである。⑩炊具を懸けてその兵舎に帰還しないのは、(食べ物に)窮して略奪に出るのである。⑪(仲間と)ひそひそと語り失望して、ひそかに人と話しているのは、(将が)兵卒(の心)を失っているためである。⑫頻繁に褒賞を与えるのは、行き詰まったのである[三〇]。⑬頻繁に罰則を与えるのは、困惑しているのである。⑭先に(敵を軽んじて)激しかったのに後に敵が大軍であることを恐れているのは、不明の至りである[三一]。⑮(敵が)やってきて贈り物をしてわびるのは、休もう

としているのである。兵が怒って立ち向かってきたのに、久しく合戦もせず、また退却もしなければ、（奇兵・伏兵がないか）必ず慎重に調べてみる〔三二〕。

〔二八〕（利があるのに進まないのは）士卒が疲労しているためである。

〔二九〕軍の兵士が夜に叫ぶのは、将に勇がないためである。

〔三〇〕諄諄は、（ひそひそと）語る様子である。翕翕は、志を失った様子である。

〔三一〕先に敵を軽視して、その後に敵が多いことを聞けば、心がこれを恐れていたのである。

〔三二〕奇兵・伏兵に備えるためである。

魏武注『孫子』行軍篇第九

①兵が杖をついて立っているのは、飢えているためである。②兵が水を汲んで、運ぶよりも先に自分で飲むのは、渇いているのである。この二つは分かりやすい。兵の食糧事情を見て取るための目安になる。③軍が利を見て進まないのは、士卒が疲弊しているためである。有利な情勢にありながら進まない事情を考えるのである。④軍のいるはずの場所に鳥が集まるのは、そこには軍がなく空虚なためである。この二つは、敵軍がどのような状態であるかを示すものである。⑤兵士が夜に叫ぶのは、何か恐れているのである。そうした行為が起こ

るのは、魏武注によれば、将に勇がないためであるという。

⑥軍が乱れているのは、将に威厳がないためである。⑦軍旗が動くのは、軍の規律が乱れているのである。⑧軍吏が怒っているのは、兵が戦いを嫌になっているのである。この三つは敵軍を観察し、あるいは敵軍内部の情報を得ることで、敵軍のあり方を考えるための判断基準である。

⑨馬を殺してその肉を食べているのは、軍に兵糧がないのである。⑩炊具を懸けてその兵舎に帰還しないのは、食べ物に窮して略奪に出るのである。⑪仲間とひそひそと語り失望して、ひそかに人と話しているのは、将が兵卒の心を失っているためである。⑫頻繁に褒賞を与えるのは、行き詰まったのである。⑬頻繁に罰則を与えるのは、困惑しているのである。この五つのことは、軍の内部にいなければ分からないことで、間諜の働きにより得られる情報である。

⑭先に敵を軽んじて激しかったのに、後に敵が大軍であることを恐れているのは、不明の至りである。そのとおりであるが、何をすべきかという示唆には乏しい。

⑮敵がやってきて贈り物をしてわびるのは、休もうとしているのである。⑯兵が怒って立ち向かってきたのに、久しく合戦もせず、また退却もしなければ、奇兵・伏兵がいないか必ず慎重に調べてみる。この二つは、敵との関わりによって得られた情報に基づく判断となる。

このように、使者により、あるいは外から眺め、また間諜により内部の情報を得るなど、様々な手段により敵情を探り、その意味することを推察して、それへの対応を考えたうえで行動していく。情報戦の重要性を理解できよう。ただし、これらの情報では、なお局面が大きく転換することは多くはない。戦いの行方を左右するほど重要な情報は、反間〔敵の間諜を寝返らせて用いる〕による内応でもたらされる。

3　内応

敵を知る

敵の情報を得るために中心となるものは、間〔間諜、スパイ〕である。『孫子』は、間の用い方を説く用間篇の中で、敵の情報は人、具体的には「間」より得るべきことを次のように述べている。

用間篇第十三〔一〕

孫子がいう、およそ十万の軍勢を動かし、千里の彼方に遠征すれば、民草の出費、国の支出は、一日に千金を費やし、（国の）内外は騒がしく、（遠征のために疲弊して）道路に怠(なま)け、農事を行えない者は、七十万家にのぼる[二]。(自軍と敵軍とが)互いに守ること数年になり、一日の勝利を争おうというのに、それなのに爵禄(しゃくろく)①や百金を惜しみ、敵情を知らない者は、不仁(ふじん)の極みである。人の将の器ではない。君主の輔佐ではない。勝ちを主導する者でもない。そのため明君(めいくん)②や賢将(けんしょう)が、動けば敵に勝ち、功績を衆人より突出して挙げる理由は、先知(せんち)〔先に敵情を知ること〕にある。先知というものは、鬼神(きしん)によって求められない[三]。他の事からは類推できない[四]。計算では求められない[五]。必ず人③(の働き)より得て、敵の状況を知るのである[六]。

[一] 戦いには必ず先に間諜を用いて、敵情を知るのである。

[二] いにしえは、八家を隣(りん)とした。(そのうちの)一家が従軍すれば、(残りの)七家は(従軍する)一家を支えた。言いたいことは十万の軍隊を起こせば、農業に従事できない者は、七十万家になるということである。

[三] (先知は)祭祀によって求めることはできない。

[四] (先知は)事の類推によって求めることはできない。

[五] (先知は)事の計算によってはかることはできない。

[六] (敵情を知ることができるのは)間諜(かんちょう)④による。

魏武注『孫子』用間篇第十三

『孫子』は、戦いだけではなく、②明君の功績をも含めて、敵に勝ち功績を挙げるために最も必要なものは「先知」、すなわち先に敵情を知ることにあるという。このために、費用を掛けない者に対しては、①「不仁の極み」であると厳しく『孫子』は批判する。

そして、③敵の状況を知るのは、祭祀や類推や計算ではなく、人の働きによる、という。魏武注が説明するように、人とは④間諜のことである。

『孫子』は、このように重視する間諜の役割を論じていくために、続けて間諜の種類を五つに分類する。

五間

『孫子』用間篇は、続けて「五間」と総称する五種類の間諜を次のように説明する。

さて間諜を用いる方法には五種類がある。①郷間（きょうかん）があり、②内間（ないかん）があり、③反間（はんかん）があり、④死間（しかん）があり、⑤生間（せいかん）がある。（これらの）五つの間諜が同時に活動し、（敵は）そのあり方を知ることがない、これを⑥神紀（しんき）という。人君の至宝である［七］。郷間というものは、その①郷里の人を間諜に用いる。内間というものは、②敵の官吏を間諜に用いる。反間というものは、敵の間諜を（寝返らせて）用いる。死間というものは、偽りごとを外でつくり出し、味方の間諜にそれを知らせ、敵の間諜に伝えさせる。生間というものは、（敵地より）帰還して報告する。

［七］同時に五種類の間諜を任命して用いるからである。

魏武注『孫子』用間篇第十三

『孫子』によれば、間諜は次の五種類に分類される。第一は①郷間であり、郷里の人を間諜に用いるものである。第二は②内間であり、敵の官吏を間諜に用いるものである。第三は③反間であり、敵の間諜を寝返らせて用いるものである。第一・第二に対して、反間をつくることは、難度が高い。しかし、敵の間諜を裏切らせることができれば、その効果はきわめて大きい。次の項で反間の重要性が説かれる理由である。第四は④死間であり、偽りごとを外でつくり出し、味方の間諜にそれを知らせ、敵の間諜に伝えさせるものである。死間は分かりにくい。とくに次に生間があるので、死ぬまで敵地にいる間諜のようにも見える。しかし、『孫子』は死間を偽情報を味方から敵の間諜へとばら蒔く者と定義する。第五は⑤生間であり、敵地より帰還して報告するものである。

これらの五種類の間諜を同時に用いながら、敵に気づかれないことを『孫子』は⑥神紀と呼び、「人君の至宝」に譬(たと)えるほど重要視している。

さらに、五種類の間諜の中で、最も重要なものが反間であることを用間篇は、次のように述べている。

反間の重要性

およそ軍が攻撃しようとしているところ、(敵の)城で攻めようとしているところ、人で殺そうとしているところは、必ず先にまずその守将(しゅしょう)・(その)側近・謁者(えっしゃ)・門者(もんしゃ)・舎人(しゃじん)の姓名を知る(必要がある)。自軍の間諜により必ず探らせてそれを知る。①必ず敵の間諜が来て(我が軍の状況を)諜報している者を探し、そしてこれに利を与え、誘導して(こちらにいるよう)留める、こうして反間を用いられるようになる[八]。この反間により敵情を知ることで、②郷間・内間を使うことができるようになる。反間により敵情を知ることで、③死間は虚偽の事をつくりあげ、敵に知らせることができる。反間により敵情を知ることで、④生間を予定のとおりに(活動し、生きて帰るように)させることができる。五間の(もたらす)情報は、君主は必ずこれを知る。⑤敵情を知るには必ず反間(をつくれるか)による、そのため反間は厚遇しなければならない。

〔八〕舎は、（その場に）おり留まることである。

『孫子』によれば、反間をつくり出すためには、敵の守将より以下の姓名を知ることから始まる。それにより、①自軍に潜入している敵軍の間諜を探し出して、それに大きな利を与える。こうして反間をつくり出すことができれば、敵情を知ることができるようになる。それにより、②郷間・内間を使うことも、③死間がつくり出した虚偽を敵に知らせることも、④生間を予定どおり生還させることもできるのである。すなわち、⑤敵情を知るためには、反間をつくり出すことが、最も肝要である。したがって、敵の間を自軍の間にするためにも、自軍の間を敵の反間にしないためにも、間を厚遇しなければなるまい。

間の厚遇

間の重要性の高さに鑑みて、軍を率いる将軍は、間に対して次のように接するべきであると用間篇は主張する。

三軍についてのことで、（将は）[①]間諜ほど親しいものはなく、褒賞は間諜ほど手厚い聖智でなければ間諜を用いられず、仁義でなければ間諜を使えず、密やかでなければ間諜の実を得ることができない。微妙であるかな、微妙であるかな、（どのような状況でも）間諜を用いないことはない。間諜の得た事情が明らかになっていないのに先に漏らせば、間諜とそれを聞いた者とをみな殺す。

魏武注『孫子』用間篇第十三

間諜の仕事が秘密であることは当然であり、それが漏れた場合に間諜も情報を聞いた者も殺されることはいうまでもない。

この文章で特徴的な主張は、第一に将と間との関係である。将は間に対して、①最も親しく対応し、最も手厚く褒賞を与えるべきである、と『孫子』は主張する。将は、軍の中で間を最も大切にしなければならないと説くのである。『孫子』が、間を主力とする情報戦をいかに重視していたかを知ることができよう。

第二に特徴的な主張は、間を使う将の能力である。将は間を使うために、②聖智を持ち、仁義を持ち、密やかでならねばならぬという。聖智や仁義は、簡単に備わるものではない。ここには『孫子』の将への要求の高さも現れている。将については、第4節で見ていくことにして、用間篇の結論部分を検討しよう。

むかし殷が興ったとき、①伊尹は夏に（おり、情勢を探って）いた［九］。周が興ったとき、②呂尚は殷に（おり、情勢を探って）いた［一〇］。明君や賢将は、③上智な者を間とすることで、必ずや大いなる功績を成し遂げる。これが兵法の要であり、三軍は（間の情報に）依拠して動いているのである。

［九］（伊摯は）伊尹のことである。

［一〇］（呂牙は）呂望のことである。

魏武注『孫子』用間篇第十三

ここで「間」の具体的事例として掲げられる①伊尹と②呂尚は、スパイや間諜ではなく、殷と周の佐命の功臣であり、その権力が王にも匹敵した大宰相である。伊尹は、殷の湯王に請われて宰相となり、夏の桀王を討伐して殷の創業の功臣となった。その死後、雨・穀物・病気などを主る存在として神格化された。太公望の通称で知られる呂尚は、周の文王・武王の軍師を務め、殷との牧野の戦いで周を勝利に導き、のち斉に封建された。兵法書の『六韜』はその著書と仮託され、後には武の最高神として国家の祭祀を受けた。伊尹も呂尚も、共に後世に祀られた人々なのである。

たしかに、伊尹は殷の湯王の怒りに触れたふりをして、夏に入って情報収集をしたという伝説があり、呂尚は周に仕える以前に殷の紂王に仕えていたとされる。しかし、二人とも、日本語で通常に使われる意味でのスパイや間諜ではない。

『孫子』の「間」は、自国の宰相にも成し得る③「上智」の人物を敵の陣営に潜り込ませ、あるいは敵から帰順させるような重みを持つ存在として、用いられている。上智を内応させることができれば、戦いに勝利するのはむろん、前の王朝を倒壊させて、新たな王朝を創ることもできるのである。このこともあって、最も重要な「間」は「反間」、すなわち敵から内応させる「間」なのである。「間」を軍中で将が最も重視しなければならない理由は、ここにある。

4　将軍論

六種の敗戦

それでは、すべての軍事行動の要となる将について、『孫子』はどのように考えているのであろうか。六種類の軍が敗れる要因を説明する『孫子』地形篇で、将の位置づけを理解することから始めよう。

このため軍隊には走るというものがあり、弛むというものがあり、陥るというものがあり、崩れるというものがあり、乱れるというものがあり、北げるというものがある。およそこの六者は、天地の災いではなく、将の誤りによ(りおこ)る。そもそも(自軍と敵の)勢が等しく、一(の戦力)で十(の戦力)を攻撃するものは、(戦力をはかっていないので)走る〔かなわずに逃走する〕という〔七〕。兵卒が強くとも軍吏が弱いものは、弛む〔統制が取れずにたるむ〕という〔八〕。軍吏が強くとも兵卒が弱いものは、(軍吏が進撃するたびに兵卒がついてこられず)陥る〔無理をして危険に陥る〕という〔九〕。小将が(大将に)怒られて心服せず、敵に遭遇すれば(大将に)怨みを持って独断で戦い、大将が小将の(怒りにまかせ敵の戦力の軽重をはからないという)能力を把握していないのは、崩れる〔軍勢が崩壊する〕という〔一〇〕。将が軟弱で威厳がなく、(軍の)綱紀が明確ではなく、軍吏と兵卒に常態がなく、軍の布陣が不統一なのは、乱れる〔軍紀が紊乱する〕という〔一一〕。将が敵の戦力をはかれず、無勢で多勢と合戦し、弱兵で強兵を攻撃し、兵に精鋭がいないものは、北げる〔弱体で敗北する〕という〔一二〕。およそこの六者は、(戦っても)敗れる道〔原則〕である。将の最高任務であり、十分に考えなければならない。

［七］（敵の戦）力をはからないためである。

［八］軍吏が兵卒を統率できないので、（軍が）弛み壊れるのである。

［九］軍吏が強く進撃しようと思っても、兵卒が弱ければ、そのたびに（危険に）陥り敗れるのである。

［一〇］大吏とは、小将である。大将が小将を怒り、（小将は）心では服従せず、恨んで敵に向かい、（敵の戦力の）軽重をはからないので、必ず（自軍が）崩壊するのである。

［一一］将のあり方がこのようであるのは、乱への道である。

［一二］自軍の勢がこのようであるのは、必ず敗走する軍である。

魏武注『孫子』地形篇第十

『孫子』は、軍の敗北には、六つの形態があるという。魏武注を踏まえながらまとめていくと、第一は、①敵の戦力を計っていなかったので、かなわずに逃走する「走る」である。間による情報収集が不足している場合であろう。第二は、②軍吏が兵卒を統率できず、統制が取れずにたるむ「弛む」である。第三は、③軍吏が進撃するたびに兵卒がついていけず、無理をして危険な状態になる「陥る」である。第二・第三は軍政、すなわち自軍の統括がうまくできていないことによる敗戦である。

第四は、④大将が小将の能力を把握できずに軍勢が崩壊する「崩れる」である。第五は、⑤軍吏と兵卒に常態がなく、軍の布陣が不統一で、軍紀が紊乱する「乱れる」である。第四・第五も軍政の問題と考えてよい。第六は、⑥敵の戦力をはかれず、無勢で多勢と合戦し、弱兵で強兵を攻撃し、兵に精鋭がおらず、弱体で敗北する「北げる」である。第一と第六は、一見よく似ているが、魏武注によれば、第一は敵の戦力をはかっていないため敗れる、すなわち敵の強さに敗因があるのに対して、第六は自軍の勢のために敗れる、すなわち自軍の弱さに敗因がある。

『孫子』は、これら六種の敗戦は、⑦天地の災いではなく、将を原因とする、と明記する。戦いに敗北する最大の原因は将にあると言うのである。第二から第五は、将に責任がある軍政を理由とし、第一・第六も将が敵軍と自軍を正確に把握していれば、起こりえない敗北だからである。将は、このような敗北を招かないため、十二分に考えることが最高の任務なのである。

将の五危

『孫子』は、すべての敗戦の原因を将に求める。将こそ、勝敗を決する者である。したがって、君主が将を選ぶことで勝敗は定まる。そこで『孫子』は、このような将は選ぶべきではないという、将が持つ五つの危険性について、次のように述べている。

このため将には五危(ごき)がある。（将が）①必死であれば殺すことができ［二〇］、②必ず生きようとすれば捕虜にすることができ［二一］、③短気であれば侮(あなど)るべきで［二二］、④清廉潔白であれば陵辱(りょうじょく)すべきで［二三］、⑤民草を愛する将は（民を痛めつけて）煩わすことができる［二四］。これらの五つは、将の過ちであり、兵を用いる災いである。⑥軍を全滅させ将を殺すのは、必ず五危による。察しなければならない。

［二〇］勇敢で配慮がない将は、必ず死闘しようとし、柔軟に対処することができない。奇策や伏兵をこれに当てることができる。

［二一］（必ず生きようとする将は）利を見ても恐れて進まない。

［二二］短気な将は、怒るので侮ってこれをおびき寄せるべきである。

［二三］清廉潔白な将は、汚し辱めてこれをおびき寄せるべきである。

［二四］（民を救うために）必ず趨(おもむ)くところに出れば、民草を愛する将は、必ず倍速で昼夜兼行でこれを救う。そうすれば煩わせられる。

魏武注『孫子』九変篇第八

『孫子』によれば、①必死な将は、殺すことができ、②必ず生きようとする将は、捕虜にできるという。将は、戦いに臨んで死ぬことも生き延びることも許されない。求められるものは、勝利して帰還することだけである。

③短気な将は、侮辱されるとおびき寄せられ、④清廉潔白な将は、汚し辱められるとおびき寄せられる。将は、自らに有利な地で戦うことが必須であるので、敵におびき出されることは、絶対に避けなければならない。

また、⑤民草を愛する将は、民を痛めつけられると、煩わされる。平時には良い牧民官の資質である民草を愛することも、将として不要である。これらを将の「五危」といい、⑥軍を全滅させ、将が殺されるのは、この「五危」によるという。君主は、将を選ぶときに、この「五危」に将が当てはまらないかを考えて任命しなければならない。

それでは、どのように君主は将の資質を見抜けばよいのであろうか。将が民草を大切にしなければ、民草は将と共に死地に赴くまい。それについて、『孫子』は、将が兵卒を大切にしていたとしても、それが⑤民草を愛するという「五危」に当てはまるか否かは、次のように判断すべきと主張する。

（将が）①兵卒を大切にすることは赤子（あかご）のようにする、そのため兵卒たちと深い谷に行くことができる。（将が）②兵卒の面倒を見ることは愛するわが子のようにする、そのため兵卒と共に死ぬことができる。③愛して命令できず、大切にして使わず、乱れて統率できないのは、たとえば驕った子のように、用いることができない［一三］。

［一三］恩は（威と併用すべきで）それだけを用いるべきではなく、罰は（賞と併用すべきで）それだけを用いるべきではない。驕った子どもが喜び怒り目をあわせたりするようなものは、また害であり用いてはならない。

魏武注『孫子』地形篇第十

『孫子』によれば、将が兵卒を①赤子のように大切にし、②愛するわが子のように面倒を見る。そのことにより、兵卒は将と共に深い谷にも行き、死ぬこともできる。これは大切にすることで溺愛ではない。しかし、将が兵卒を③愛して命令できず、大切にして使わなければ、乱れて統率できなくなり、驕った子のように、用いることができない。将は、民草を大切にしても、溺愛してはならないのである。

後者のような兵卒の用い方をすれば、五危の⑤民草を愛する将は、民を痛めつけられると、煩わされる、に該当することになる。共に兵卒を愛して大切にしている将であっても、それが名将であるのか、「五危」に当てはまる、用いてはならない将であるのかを見分けることは、なかなか難しい。

したがって、将の見分け方については、さらに第四章で扱った五事・七計を用いる。五事とは、「道・天・地・将・法」のことであり、これの「将」について始計篇は、「（第四の）将というものは、智・信・仁・勇・厳という（将軍の五徳の）ことである」と述べている。すなわち、将が智・信・仁・勇・厳という五つの徳を持つか否かを見極めていくのである。戦いの勝敗を決するのは将であるため、君主は将を選ぶ手間を惜しんではならない。そして、「主・将・天地・法令・兵衆・士卒・賞罰」の七計により、将を評価する。自らの将の選び方が正しかったか否かを常に判断し続けるのである。

将の使い方

将を見分けることができれば、君主は将に全軍を委任して、口を出さない。それについて、謀攻篇は次のように述べている。

そもそも将は、国の輔佐(ほさ)である。輔佐（である将）が周到で綿密であれば国は必ず強く、輔佐（である将）に隙があれば国は必ず弱い〔二四〕。

そこで君主が軍事について心にかけることは三つある。（第一は）軍が進んではならないのを知らずに、進めということである。軍が退いてはならないのを知らずに、退けということである。これを軍を御すという[二五]。（第二は）軍の状況を知らずに、軍政を（国政と）同じくすると、軍の兵士は惑う[二六]。（第三は）軍の権謀を知らずに、将の任用を（国政と）同じくすると、（その人を得ないため）軍の兵士は疑う[二七]。軍が惑いかつ疑えば、諸侯が襲撃してくる。これを軍を乱して勝利を奪うというのである[二八]。

[二四]（隙とは軍の）形勢が外に見えることである。
[二五]縻は、御（という意味）である。
[二六]軍政（の原則）は国政に適用させず、国政（の原則）は軍政に適用しない。（国政の原則である）礼では軍を治めることができない。
[二七]（将に）その（適任の）人を得られない。
[二八]引は、奪（という意味）である。

魏武注『孫子』謀攻篇第三

『孫子』はまず、①将を「国の輔佐」と位置づける。輔佐である将は、周到で綿密であり、軍の形勢が外に見えるような隙があってはならない。そして、君主は、将を選任したならば、軍事について三つのことを心にかけるべきである。第一は、②軍を御さないことである。軍の進退は将に任せ、口を出さない。将の判断を尊重して介入しないことが軍事の原則である。第二は、③軍政を国政と同じくしないことである。魏武注によれば、国政の原則である礼では、軍を治めることができないからである。礼容と軍容という言葉でそれぞれが表現されることもあるように、礼を中心に置く国政と軍事とは原理・原則が異なる。第三は、④将の任用を国政と同じくしないこと。将は、政治能力とは異なる才能が必要であり、それは前項で述べたような基準により選ばなければならない。これも第二と同じく、軍事の特殊性を尊重すべきとする主張である。

君主が守るべき軍事への態度の中で最も重要なことは、第一として掲げられる君主が軍事に介入しないことである。謀攻篇はこれを「将が有能で君主が統御しないものは勝つ」と明確に述べている。この原則は、将の側からいえば、「君命に受けざる所有り（君命には受諾しないところがある）」（九変篇）ということになる。

この原則を踏まえ、将を的確に選んだうえで、これまで述べてきたような綿密な情報分析を客観的に行えば、実際に戦う前に勝敗は決している。それが、「彼を知り己を知らば、百戦して殆からず」（謀攻篇）なのである。『孫子』の兵法の奥義は、ここにある。

終章　『孫子』の生かし方

『孫子』という書籍は、哲学的であり、実践的な部分も組織論や地形・相手に応じた戦い方の気構えなどといった、時代を超える普遍的な内容を持つ。逆にいえば、時代により変容していく武器や具体的な戦術・戦法の違い、ましてや、現代社会を生き抜いていく知恵について、直接的な方法論を提供するものではない。時代を超えて読み継がれていく古典とは、概ねそういうものである。古典から何を読み取り、そこに自らの方法論や体験をどのように組み合わせ、『孫子』を生かしていくのかは、読者それぞれによって異なる。

ここでは、『孫子』の本文を確定し、魏武注という最も古い体系的な『孫子』解釈を残した曹操が、どのように『孫子』と自らの戦い方を組み合わせたのかを示すことで、『孫子』を生かすための事例とすることにしたい。

曹操の戦いの中では、中国統一を諦めざるを得なくなった赤壁の敗戦も有名であるが、天下分け目の戦いは、建安五（二〇〇）年に袁紹を破った官渡の戦いである。官渡の戦いは、運動戦に持ち込んだ緒戦の白馬の戦いと、陣地戦を強いられた官渡の戦いという、二段階で行われた。

曹操は、このとき河南の兗州・豫州を基盤に、献帝を擁立して天下に号令する立場を築き上げていた。これに対して、袁紹は、河北の冀州・幽州・并州・青州を支配し、曹操を上回る勢力範囲を保有していた。しかも、許を拠点に曹操が支配する河南が戦乱と飢えで苦しんだことに対して、袁紹の支配する河北はさほど戦火も被らず、その拠点の鄴がある冀州は、一州だけで「帯甲百万」を持つと称されていた。

袁紹が精兵十数万を率いて本拠の鄴を出発したと知らせを受けた曹操は、建安四（一九九）年八月、黄河の北の黎陽に軍を進めて先制攻撃を仕掛ける。また、臧覇たちを青州に派遣して東方を牽制し、于禁を渡河させて黄河を守らせた。さらに、一軍を割いて官渡の守備に当たらせて、袁紹に備えた。十一月、張繡が降伏して後顧の憂いが断たれると、十二月、曹操は自ら官渡に軍を進め、決戦に向かう。官渡の戦いの前哨戦は、黄河の渡し場である延津と白馬とが舞台となった。戦いの様子は、曹操の本紀として戦勝を詳しく描く『三国志』武帝紀を掲げることにしよう。ちなみに、武帝紀は赤壁の敗戦をほとんど描くことはない。

> 二月、袁紹は①郭図・淳于瓊・顔良を派遣して東郡太守の劉延を白馬県に攻撃させた。袁紹は軍を率いて黎陽県に至り、黄河を渡ろうとした。夏四月、②曹公は北に行き劉延を救援した。荀攸は公に説いて、「いま（我が）軍は少なく無勢ですので、敵の勢いを分散させるのがよいでしょう。公が③延津に至り、軍を渡らせ敵の背後に向かおうとしているように見せれば、袁紹は必ず西に行きこれに応じます。然る後に軽騎兵によって白馬（の包囲軍）を襲撃し、その不意をつけば、顔良ですら虜にできましょう」と言った。公はこれに従った。④袁紹は（公の）軍が（延津から黄河を）渡ると聞き、ただちに軍を分け西に向かわせて対応した。公はそこで⑤軍を引き通常の行軍速度の倍速にて白馬に赴いた。あと十余里にまで至って、顔良は驚愕し、迎え撃ってきた。（公は）⑥張遼と関羽を先鋒とし、撃ち破り顔良を斬った。そのまま白馬の包囲を解き、その住民を徙し、黄河に沿って西に向かわせた。
>
> 『三国志』巻一　武帝紀

黎陽に進軍した袁紹は、①顔良らに白馬を守る曹操側の劉延を攻撃させた。白馬が包囲されると、四月、②曹操は自ら救援に赴く。荀攸は、③ひとまず延津に兵を進め、黄河を渡り敵の背後を衝くと見せかけ、白馬に軽騎で急行して、油断している顔良を討つことを進言、曹操はこれを採用した。④袁紹は果たして軍を二分し、主力を西に向けて曹操軍の渡河に備える。そこを曹操は、⑤一気に白馬に向かい、⑥顔良を関羽と張遼に攻撃させた。関羽が顔良を斬り、こうして白馬の包囲を解いた曹操は、兵を西に返した。

置き去りにされた袁紹の主力は、黄河を渡り延津の南に軍を進め、曹操を追撃する。騎兵が先行して縦に長い追撃態勢である。これを見た曹操は、輜重(しちょう)をすべて街道に放棄する。輜重を守ろうとする者に荀攸は言った。

荀攸は、「これは敵を釣るためのものだ。どうしてここから退(ど)かせられよう」と言った。⑦袁紹の騎将である文醜(ぶんしゅう)が劉備と共に五、六千騎を率いて前後して現れた。諸将は、「馬に乗るべきです」と申しあげた。曹公は、「まだだ」と答えた。しばらくして、到来する騎兵が次第に増え、⑧（本隊から）分かれて輜重に向かうものもあった。公は、「よし」と言った。そして一斉に騎乗した。⑨このとき（公の）騎兵は六百に満たなかったが、かくて兵を放って攻撃し、大いにこれを破り、文醜を斬った。顔良と文醜はいずれも袁紹の名将であったが、二度の戦いでことごとく虜とした。袁紹軍は大いに震撼した。公は戻って官渡に軍を置いた。

『三国志』巻一　武帝紀

⑦文醜が率いる五、六千騎の騎兵の中から、餌とした⑧輜重にたかる者が出始めると、曹操は全軍に攻撃を命じ、⑨六百ばかりの騎兵で、顔良と並ぶ袁紹軍の勇将の文醜を斬った。相次ぐ将軍の戦死に袁紹軍が怯むと、曹操は官渡に帰還する。緒戦は、曹操の勝利であったが、こののち官渡における本格的な陣地戦が開始される。

白馬の戦いでは、騎兵を主力とする顔良軍とはまた別の騎兵を⑦文醜が五、六千騎も率い、それを討った曹操の騎兵が⑨六百ばかりであったことが分かる。このように白馬の戦いは、十対一の兵力差を克服して曹操が勝利を収めたが、勝因は曹操が行った運動戦にある。『孫子』九地篇は、少ない兵力での戦い方を次のように述べている。

（ある人が）あえてお尋ねします、「敵が多く統制が取れていて（こちらに）来ようとしていたら、どう対処しましょう」と言った。それには、「まず（地の利のような）敵の頼りとするものを奪えば、（こちらの）思うとおりになるであろう。（その際に）戦い方は[(1)]

迅速を旨とし、敵の準備が間に合わないことに乗じ、（敵の）予測しない方法により[2]、敵の警戒していないところを攻めるのである」と言った。

魏武注『孫子』九地篇第十一

『孫子』は、統制の取れた大勢の敵が攻めて来たならば、敵が大切にするものを先に奪い、(1)戦争の仕方は迅速を旨として、敵の準備が間に合わぬ機会に乗じ、(2)相手の思いがけない道を通り、相手の注意していない場所を攻めるべきである、という。これが運動戦である。曹操が③延津に兵を進めたのち、白馬に軽騎で急行したのは、(1)迅速に動くためであった。その結果、④袁紹は軍を二分する。こうして大軍を分断していくのである。袁紹の主力が置き去りにされたときに、輜重を餌として、騎兵を戻して文醜を討ったのは、(2)相手の思いがけぬ道を通り、相手の注意していない場所を攻めるためである。これも『孫子』の兵法どおりである。

また、曹操が延津を渡ったと聞き、④兵を向けながらも袁紹がすぐには戦わなかったのは、川のほとりでの戦い方を『孫子』行軍篇が次のように述べているからである。

川を渡れば必ず川から遠ざかり（敵を引きつけ）、敵が川を渡って来たら[1]、川の中で迎撃せず、（敵に川を）半分ほど渡らせてからこれを攻撃すると（敵は勢をあわせられず、戦いに）利がある。戦いたいと思うものは、川[2]に近づいて敵を迎撃することなく、（後方の山の）南（面）に沿って高いところにいれば、川の流れを（自軍に）注がれることはない。これが川のほとりにいる軍（の戦い方）である。

魏武注『孫子』行軍篇第九

『孫子』は、敵が⑴川を渡って来たら、川の中で迎撃せず、敵に川を半分ほど渡らせてから攻撃すると、敵は勢をあわせられず、戦いに利がある。戦いたいと思うものは、⑵川に近づいて敵を迎撃することなく、後方の山の南側に沿って高いところにいれば、川の流れを自軍に注がれることもない。これが川のほとりにいる軍の戦い方である、と述べている。袁紹軍は、曹操軍が延津を渡る気配を見せると、曹操軍が⑴川を半分渡るのを待ったため、自軍は⑵川の後方に陣を置いた。『孫子』の兵法どおりである。このため、その逆をついた曹操軍への対応が遅れた。両軍の動向が伝わりあうのは、共に間諜により情報を得ているためであり、それは『孫子』用間篇が最も重視することである。

このように、白馬の戦いは、曹操が『孫子』に基づいて勝利を収めただけではなく、袁紹側も『孫子』を理解し、お互いそれに基づいて戦っていたことが分かる。したがって、袁紹側はこののち、『孫子』に基づいて、多数の軍に有利な戦い方を選択する。『孫子』謀攻篇は、兵力が十倍であれば包囲できるという。それが続けて官渡で行われた陣地戦である。

> （建安五年）八月、袁紹は陣営を連ねて少しずつ進軍し、砂丘を利用して屯営をつくること、東西数十里であった。公もまた陣営を割って相対したが、合戦して敗れた。①このとき公の軍勢は一万にも満たず、戦傷を負った者は十のうち二、三人におよんだ。袁紹は再び進軍して官渡に臨み、②土山をつくり③地道を掘った。公もまた（陣営の）内側にこれをつくり、対応した。袁紹は（公の）陣営内に射込み、④矢は雨のように降り注いだ。（軍営内を）行く者はみな楯をかぶり、人々は大いに恐れ慄いた。
>
> 『三国志』巻一 武帝紀

曹操軍の守る官渡の陣地を攻める袁紹軍は、各陣営を横に連ねて前進し、官渡に迫った。曹操は、①兵力が不足し、傷ついており、陣営深くに引き籠もる。そこで袁紹は、高い櫓を組み②「土山」をつくり、その上から弩を発射して④矢の雨を降らせた。曹操軍も陣内に土山を築いて対抗し、「霹靂車」と恐れられた移動式の投石機により、敵の櫓と土山を狙い撃つ。すると袁紹軍は、「地突」と呼ばれる③地道を敵の陣地の下まで掘り進める作戦を展開する。曹操軍は、深い塹壕（ざんごう）を幾重にも掘り、敵の地突を無力化させた。それでも、兵力差は如何（いかん）ともし難く、兵糧も尽きかけた曹操は弱気になり、荀彧（じゅんいく）に撤兵を相談する。荀彧は、これが天下分け目の戦いであるとして、徹底的に戦うよう曹操を励ます。やがて曹操は、袁紹から投降してきた旧友である許攸（きょゆう）の策を用いる。

冬十月、袁紹は⑤（運穀（うんこく））車（しゃ）を派遣して穀物を運び、淳于瓊ら五人に兵一万人余りを率いてこれを送らせ、袁紹の陣営の北四十里に宿営させた。袁紹の謀臣である許攸は財貨に貪欲であり、袁紹は（許攸を）満足させられなかった。（そのため許攸は公の陣営に）出奔し、そして公に淳于瓊らを攻撃するよう説いた。左右の者は許攸の策を疑ったが、荀攸と賈詡（かく）は公に勧めた。公はそこで曹洪（そうこう）を留めて守らせ、⑥自ら歩騎五千を率いて夜に行き、明け方になって到着した。淳于瓊らは公の兵が少ないことを眺め、陣門の外に出撃した。（しかし）公がこれを急襲すると、淳于瓊は退いて営を守ったので、（公は）そのままこれを攻めた。袁紹は騎兵を派遣して淳于瓊を救援させた。（公の）左右のある者が、「敵の騎兵が迫りつつあります。どうか兵を分けてお防ぎください」と言った。公は怒って、「敵が背後に来てから申せ」と言った。士卒はみな死力を尽くして懸命に戦い、大いに淳于瓊たちを破り、みなこれを斬った。

『三国志』巻一 武帝紀

袁紹は、⑤遠くから食糧を運搬しており、許攸はそれを貯蔵する烏巣（うそう）を襲うことを進めた。疑う側近もいたが、曹操は⑥自ら騎兵を率いて烏巣を襲撃して焼き払った。そうして淳于瓊らを斬ると、袁紹側の張郃（ちょうこう）・高覧（こうらん）らが降伏して、曹操は、官渡の戦いに勝利を収めたのである。

　このように官渡の戦いは、不利な陣地戦を耐え忍んだ曹操が、最後は許攸の情報を信じて、火攻めにより勝利を収めた。曹操が陣地戦を耐え抜いたのは、『孫子』作戦篇に次のように記されるためであろう。

孫子はいう、およそ兵を動かす（際の）原則は、[1]馳車（ちしゃ）は千台、革車（かくしゃ）は千台、武装した士卒十万人であり、（国境を越えること）千里（の彼方）に食糧を運搬する。そのためには内外の経費、賓客の費用、膠（にかわ）や漆（うるし）など（武具）の材料、兵車や甲冑（かっちゅう）の供給などに、[2]一日に千金を費やす。そののちに十万の軍隊を動かす。

魏武注『孫子』作戦篇第二

『孫子』によれば、⑴馳車（ちしゃ）を千台、革車（かくしゃ）を千台、武装した士卒十万人で、（国境を越えること）千里（の彼方）に食糧を運搬して戦うと、⑵一日に千金を費やすという。曹操は注をつけて、戦功への報賞の支払いは、千金の費用の外にあることに注意を促し、千金のほかに恩賞などを与える費用が加わると指摘している。袁紹は、千里の彼方から十万の兵を動員している。長期戦になるほど、莫大な費用が掛かる。一万弱の兵力で守る曹操が、苦しみながらも、官渡での陣地戦に必死に耐えたのは、このためであった。

そして、許攸が齎（もたら）した好機に、曹操が騎兵による火攻めを選択したのは、同様に巨大な打撃を与えられる水攻めに対して、火攻めの場合には食糧を得られる可能性があることによる。それは、『孫子』火攻篇の次のような記述に基づく。

火によって攻撃を助ける者は（勝利を得ることが）明らかであり、水によって攻撃を助ける者は強い。水は（敵の糧道と敵軍の連携を）断絶できるが、（蓄えた兵糧を）奪うことはできない。

魏武注『孫子』火攻篇第十二

『孫子』は水攻めの事例に言及するのみであるが、火攻めの場合には、火から兵が逃れるため、食糧を奪えることもある。このため曹操は、自ら騎兵を率いて烏巣へ火攻めを行い、官渡の戦いを勝利に導いたのである。

このように曹操は、天下分け目の官渡の戦いにおいて、『孫子』に基づく軍事行動により勝利を収めた。ただし注意すべきは、敵の袁紹もまた、『孫子』に基づき行動していたことである。このため曹操は、原則は『孫子』に基づきながらも、そのほかの軍事思想を交えて戦っている。曹操軍の主力である騎兵（きへい）、袁紹軍の切り札であった弩兵（どへい）について、春秋・戦国を時代背景とする『孫子』が詳細に言及することはない。ましてや「土山」を築き、「地突」を行う戦法、あるいは「霹靂車」などの新兵器に言及しないことはいうまでもない。

こうした中、曹操は、『兵書接要』と「軍令」で『孫子』を補うと共に、自らの兵学研究の成果を部下と共有して、強力な軍事集団をつくっていった。曹操は、『孫子』が呪術や占いから軍事を切り離したことをきわめて高く評価する。それでも『兵書接要』は兵陰陽家の内容も伝える。呪術から脱却して合理的に戦争を把握した『孫子』に注をつけながらも、現実の戦いの中で、偶然に基づく敗戦を経験していた曹操は、すべての戦いを廟算する『孫子』の合理性に限界を感じていたのであろう。曹操は、『孫子』を最もすぐれた兵法書と認め、それに寄り添った注をつけながらも、『孫子』の限界をも見据えている。そのため、『孫子』の原則を補う『兵書接要』、さらには具体的な戦術を指示する軍令を用意し、自らの兵学研究を諸将に共有させて、統一的な軍事行動を取ろうとした。曹操の『孫子』の生かし方の特徴は、ここにある。

今日も同じである。曹操がそうであったように、『孫子』の軍事思想がそのまま我々にとって役立つわけではない。それでも、『孫子』が構築した軍事に対する合理的な哲学は、今日を生きる我々にも、様々なヒントを与えてくれる。『孫子』の生かし方は、読者のそれぞれに委ねられている。「武」とは、「戈」を「止」めることなのか。それを考えるのも、われわれ一人ひとりである。

附　章　『孫子』現代語訳

始計篇第一

孫子はいう、戦争というものは、国家の大事である。（民の）生死が決まり、（国家）存亡のわかれ道であるから、よく洞察しなければならない。

そのため戦争（の可否）を五事ではかり、七計でくらべ、その実情を探る。（五事とは）第一に道、第二に天、第三に地、第四に将、第五に法である。（第一の）道というものは、民たちを（君主が教令で導き）上と心を同じくし、共に死ぬべきように、共に生きるべきように、恐れず危ぶまなくさせることである。（第二の）天というものは、陰陽・気温・四時のことである。（第三の）地というものは、（散地か軽地かという距離の）遠近・（争地のように）険阻か否か・（交地のように）広いか否か・死地か否かということである。（第四の）将というものは、智・信・仁・勇・厳という（将軍の五徳の）ことである。（第五の）法というものは、（軍の編制と軍旗や鐘太鼓の制である）曲制・（百官の分である）官・（糧道である）道・（軍の費用を掌る）主用のことである。およそこれら五事は、将軍であれば聞いたことのない者はいない。（しかし）これを理解する者は勝ち、理解しない者は勝てないのである。

それゆえ（君主は）将（の五事への理解）を比較するために（七）計により、将の（勝ち負けの）実情を探る。「（それぞれの将の）君主はどちらが道徳があるか。将はどちらが智能があるか。天の時と地の利はどちらが得ているか。法令はどちらが行われているか。兵はどちらが強いか。士卒はどちらが訓練されているか。賞罰はどちらが明らかであるか」と。わたしはこれらにより勝ち負けを知る。

将がわたしの計を聞き、（君主がその）将を用いれば必ず勝ち、（君主はその）将を留まらせる。将がわたしの計を聞かず、（君主がその）将を用いれば必ず負け、（君主はその）将を辞めさせる。

計に利があり（将が）これを聞けば、そこに勢を加えて、それにより外からの助けとする。勢というものは、（敵の状況を）利により（判断して）権謀を定めることである。

戦争というものは、詭道〔常なる形はなく、偽り欺くことを原則とするもの〕である。それゆえ能力があっても敵にはないように見せかけ、（武を）用いることができても敵にはできないように見せかけ、近くにいても敵には遠くにいるように見せかけ、遠くにいても敵には近くにいるように見せかける。利により敵を誘い、乱して敵より奪い取り、（敵が）充実しているときはそれに備え、強いところはそれを避け、怒濤の勢いのときはそれを攪乱し（衰え怠ることを待ち）、卑弱により敵を驕らせ、（自らが）楽なときは（利により）敵の労を待ち、（敵が）親しみあっているときは（間諜により）それを分裂させる。（こうして）敵の備えのない（衰え怠っている）ところを攻め、敵の（空虚の）不意をつく。このため兵家の勝利は、（敵情に応ずるので）あらかじめ伝えることができない。

そもそも戦わずに廟堂で目算して勝ちが定まるのは、（五事・七計を比べた結果）勝算を得ることが多いからである。戦わずに廟堂で目算して負けが定まるのは、勝算を得ることが少ないからである。勝算が多ければ勝ち、勝算が少なければ勝てない。まして勝算がなければなおさらである。わたしはこのような方法で戦いを観察することで、（事前に）勝敗が分かるのである。

作戦篇第二

孫子はいう、およそ兵を動かす（際の）原則は、（四頭の馬を車につける軽車である）馳車は千台、（四頭の馬を車につけ騎兵一騎と歩兵十人を備える重車である）革車は千台、武装した士卒十万人であり、（国境を越えること）千里（の彼方）に食糧を運搬する。そのためには内外の経費、賓客の費用、膠や漆など（武具）の材料、兵車や甲冑の供給などに、一日に千金を費やす。そののちに十万の軍隊を動かす。

戦いを行うには、勝っても（戦いの期間が）長くなれば軍を疲弊させ士気を挫く。城を攻めると（長期戦となり）力が尽き、長く軍を（戦場に）晒せば国家の財政が不足する。軍を疲弊させ士気を挫き、力も尽き財も尽きれば、（他の）諸侯がその疲弊に乗じて蜂起する。（そのときには自国に）智者がいても、疲弊の後をうまく（対処）できない。このため戦争には（巧みでなくとも速さで勝つ）拙速は聞くことがあるが、巧みであっても長期にわたる（巧遅という）ものはない。そもそも戦争が長期で国家の利となることは、ありえない。このため兵を動かすことの害を知り尽くさない者は、兵を動かすことの利も知り尽くすことはできないのである。

よく兵を用いる者は、兵役は二度徴発せず、食糧は三度（国から）運ばない。軍需品は自国のものを使い、食糧は敵地のものに依拠する。そうすれば兵糧は充足できる。

国が戦争のために貧しくなるのは（兵糧を）遠くに運ぶためである。遠くに運べば民草は貧しくなる。軍隊の近くにいる者は高く売る。高く売るので民草の財は尽きる。財が尽きれば丘役が厳しくなる。（補給をする）中原の力は尽き、家の内は窮乏する。民草の経費は、十のうちの七がなくなる。国家の経費は、戦車が壊れ馬は疲れ、（戦具である）甲冑や弓矢、楯や矛や櫓（が痛み）、（運搬のための）大牛や大車（などを失い）、十のうちの六がなくなる。

このため智将はできるだけ敵の兵糧を（奪って）食べる。敵の一鍾（約一二八リットル）を食べるのは、自軍の二十鍾分に相当し、（馬糧の）豆がらや藁の一石〔約三〇キログラム〕は、自軍の二十石分に相当する。

そして敵兵を殺すのは怒〔ふるいたった気勢〕であり、敵の利（とする兵士）を奪い取るのは財貨や褒賞である。そこで戦車戦で、戦車十台以上を鹵獲すれば、先に賞を（降伏して自軍に）得た者に与え（さらなる降伏を促し）、敵の旗を自軍のものに改め、（鹵獲した）戦車は（自軍のものと）混在させて乗せ、（降伏した）兵は優遇して十分に養う。これが敵に勝って強さを増すということである。

だから兵（を用いる方法）は（軍が強さを増すので敵に）勝つことを尊重し、（国家と民草を消耗させるので）長期戦を尊重しない。

そこで兵（の用い方）を知（り、敵の食糧・軍事力を利用し、短期決戦を行え）る将軍は、民草の命運を司る者であり、国家の安寧と危急を決する主体なのである。

謀攻篇第三

孫子はいう、およそ兵を用いる方法は、（敵の首都を急襲して）国を丸ごと取ることを上策とし、（兵を用いて敵国の）軍を討ち破るのは次善である。（敵の）軍を丸ごと取ることを上策とし、軍を討ち破るのは次善である。（五百人からなる）旅を丸ごと取ることを上策とし、旅を討ち破るのは次善である。（百人の）卒を丸ごと取ることを上策とし、卒を討ち破ることは次善である。（五人の）伍を丸ごと取ることを上策とし、伍を討ち破ることは次善である。このため百戦して百勝することは、最善ではない。戦わずに敵の軍を屈服させるのが、最善である。

そのため兵の用い方の上策は、（敵の）謀略を（その計画し始めた段階で）討つことであり、その次は（戦争が）ちょうど始まろうとする出端を討つことであり、その次は（整った陣の）兵を討つことであり、下策は城を攻めることである。城を攻めるという方法は、やむをえずに採るものである。櫓や轒轀車を修治し、（飛楼や雲梯などの）攻城兵器を準備するのは、三ヵ月もかかってはじめてでき、土塁の土盛りはさらに三ヵ月かかる。将が（攻城兵器が整うまで）その怒気をおさえきれず、蟻のように（城壁に兵卒を）よじ登らせれば、兵士の三分の一を戦死させ、しかも城が落ちないのは、これが城を攻める害である。

このためよく兵を用いる者は、敵の兵を屈服させても、戦闘したのではない。敵の城を落としても、攻めたのではない。敵の国を滅ぼしても、長くは軍を露営させない。必ず完全な形で（敵を得て）天下と（勝利を）争う。そのため兵は疲弊せず（戦いに）利があり（国を）全うできる。これが（敵を攻めようと思うのであれば、必ず先に智謀をめぐらす）謀攻の方法である。

このため兵を用いる方法は、（自軍が）十倍であれば敵を包囲し、五倍であれば敵を攻撃し、二倍であれば（自軍を正兵と奇兵に分けて）敵を分け（て対応させ）、匹敵すれば（奇兵や伏兵を設けて）よく戦い、少なければ敵から守り、及ばなければ敵を避ける。それゆえ寡兵が（戦いを）堅持しても、大軍の虜となる。

そもそも将は、国の輔佐である。輔佐（である将）が周到で綿密であれば国は必ず強く、輔佐（である将）に隙があれば国は必ず弱い。

そこで君主が軍事について心にかけることは三つある。（第一は）軍が進んではならないのを知らずに、進めということである。軍が退いてはならないのを知らずに、退けということである。これを軍を御すという。（第二は）軍の状況を知らずに、軍政を（国政と）同じくすると、軍の兵士は惑う。（第三は）軍の権謀を知らずに、将の任用を（国政と）同じくすると、（その人を得ないため）軍の兵士は疑う。軍が惑いかつ疑えば、諸侯が襲撃してくる。これを軍を乱して勝利を奪うというのである。

そのため勝利を（あらかじめ）知るには五つのことがある。（第一に）戦うべき相手か、戦うべきではない相手かを知るものは勝つ。（第二に）大軍と寡兵（それぞれ）の用兵を知るものは勝つ。（第三に）君臣が目的を共にするものは勝つ。（第四に）準備をして準備のないものを待てば勝つ。（第五に）将が有能で君主が統御しないものは勝つ。これら五つが、勝利を知る方法である。

だから、「敵を知り自分を知れば、百戦しても危険はない。敵を知らず自分を知れば、勝ったり負けたりする。敵を知らず自分を知らなければ、戦うたびに必ず敗れる」というのである。

軍形篇第四

孫子はいう、むかしの善く戦う者は、まず（敵がこちらに）勝てない形にして、敵が（こちらが）勝つべき形になるのを待つ。（敵がこちらに）勝つことができないのは自軍（を固く守り備えること）による。（こちらが敵に）勝つことができるのは敵に（隙や油断）があることによる。ゆえに善く戦う者は、（敵がこちらに）勝てないような形をつくり、敵に絶対に勝たせないようにする。ゆえに、「勝ちは（情勢を見て）知ることができるが、（敵にも備えがあるので勝ちを）なすことはできない」という。

勝つことができないのは、（敵が「形」を隠して）守っているためである、勝つことができるのは（敵が）攻め（て「形」が現れ）るからである。守るのは（力が）足りないからで、攻めるのは（力に）余裕があるからである。守るのが上手な者は、大地の下にひそむかのようで、攻めるのが上手なものは、大空を動きまわるかのようである。だから、自らの力を温存して、完全な勝利を収めるのである。

勝ちを予見する力が、衆人の知見を超えないのは、最もすぐれたものではない。（実際の）戦いに勝って、天下が善しというのも、最もすぐれたものではない。動物の細い毛をもちあげても、力持ちとはされない。太陽や月が見えても、目がよいとはされない。雷鳴が聞こえても、耳がよいとはされないのである。いにしえの善く戦う者は、勝ちやすい相手に勝つ者である。このため善く戦う者の勝利は、智謀はなく勇功はない。（それでも）戦って勝つことは、間違いない。間違いないのは、必ず勝つことが定まっているからである。すでに破っているものに勝つからである。善く戦う者は、決して負けない状態に立ち、敵の敗北をとりこぼさない。このため勝兵は先に勝利（を確実に）して、そののちに戦いを求める。敗兵は先に戦って、そののちに勝利を求める。

善く兵を用いる者は、（敵がこちらに勝てない）道すじをつくり、軍紀を維持する。このため勝敗を掌握できる。兵法には、第一に度〔土地の測量〕、第二に量〔穀物の秤量〕、第三に数〔人の展開力〕、第四に称〔彼我の比較〕、第五に勝〔勝利〕がある。土地（の状況）から計る必要が生まれ、計った結果から（穀物の）量が分かり、量から（その地で動かせる）人数が生まれ、人数から敵味方の比較が生まれ、敵味方の比較から勝者が生まれる。

このため、勝兵は（重い）鎰〔二十四両、約三六〇グラム〕により（軽い）銖〔二十四分の一両、約〇・六グラム〕をあげるようなもので、敗兵は銖により鎰をあげるようなものである。勝者の戦いが、せきとめた水を千仞〔約一五〇〇メートル〕の深さのある谷を切って落とすようになるのは、「形」によるのである。

兵勢篇第五

孫子はいう、およそ大人数（の軍）を少人数のようにおさめるのは、分数〔一定の数ごとに編制した部隊で戦うこと〕による。大人数（の軍）を戦わせるのを少人数を戦わせるようにするのは、形名〔旗印と金鼓を用いて戦うこと〕による。三軍の軍勢が、必ず敵と戦って負けることがないようにできるのは、奇正（を組み合わせて戦うこと）による。差し向けた兵が、（容易に敵に勝つことが）石を卵に投げるようなのは、（充実した自軍で空虚な敵軍を攻撃する）虚実による。

およそ戦いとは、正によって（敵と）会戦し、奇によって傍から（敵の）不備を攻撃することで勝利する。そのためよく奇を出す者は、（その戦い方が）窮まらないこと天地のようであり、尽きないこと長江や黄河のようである。（奇正が窮まりなく）落ちてもまた昇ることは、太陽や月のようである。（奇正が尽きず）死と生を繰り返すことは、春夏秋冬のようである。（奇正が窮まりのないことは）音は五種類に過ぎないが、五音の変化は、すべてを聞くことができない。色は五種類に過ぎないが、五色の変化は、すべてを見ることができない。味は五種類に過ぎないが、五味の変化は、すべてを味わうことができない（ようなものである）。戦いの勢は奇正（の二種類）に過ぎないが、奇正の変化は、すべてを窮めることができない。奇正が互いに生ずることは、循環（する円）の端がないようなものである。誰が奇正を窮めることができようか。

激しい水の速さが、石を（その流れによって）動かすに至るのは、勢である。鷙鳥〔鷲・鷹などの猛禽類〕の攻撃が、（獲物を）壊し折るのは、（急所を突くよう素早く動く）節である。こうしたわけで善く戦う者は、その勢が速く、その節は近い。勢は弩（の弦）を（ひきしぼって）張るようで、節は（弩の）機を発するようである。

入り乱れ紛糾して、（旌旗を乱して敵に示し）戦いは乱れても（金鼓により整えるので敵が）乱すことはできない。渾沌として、（戦車や騎馬が転回し）陣形が円になっても（陣への出入りの道が整備されているので敵が）、破ることはできない。

乱は治から生まれ、怯は勇から生まれ、弱は強から生まれる（のは自軍の情勢を隠すからである）。治と乱は、（部隊の名と）数ごとである。勇と怯は、勢である。強と弱は、形である。

そのため善く敵を動かす者は、こちらの形（の不備）を見せ、敵に必ずこれに従わせる。敵に（利を）与えて、敵に必ずこれを取らせる。利により敵を動かし、本（来の形）により敵を待つ。

そのため善く戦う者は、戦いを勢に求め、（権変〈権謀術数による変化〉によるので）人に求めない。そのため人を選び（権変により起こる）勢に任せるのである。勢に任せる者は、任命した人に戦わせるさまが、木や石を転がすようである。木や石の性質は、安定していれば静止し、不安定であれば動き、四角ければ止まり、丸ければ転がりゆく。そのため善く人に戦わせる勢は、丸い石を千仞の山から転がすようなもので、（それが）勢なのである。

虚実篇第六

孫子がいう、およそ先に戦地に着き敵を待つ者は余裕があり、後から戦地に着き戦いに赴く者は疲弊する。そのため善く戦う者は、人を至らせるようにして人に至らせられない。敵に自分から至るようにさせるのは、敵に利を与えるからである。敵に至らせられないのは、敵に害を与えるからである。このため敵に余裕があれば敵を疲弊させ、満腹していれば敵を飢えさせ、楽をしていれば敵を動かす。

敵の行かないところに出て、敵の思わないところに行く。千里を行っても疲弊しないのは、無人の地を行くためである。攻めれば必ず取る（ために最も良い）のは、敵が守っていないところを攻めることである。守れば必ず固い（ために最も良い）のは、敵が攻めないところを守ることである。そのためよく攻める者は、敵がどこを守ればよいか分からない。よく守る者は（情勢が漏れないので）、敵がどこを攻めればよいか分からない。微かであるかな、微かであるかな、（虚となった軍は）無形に至る。霊妙であるかな、霊妙であるかな、（虚となった軍は）無声に至る。そのため敵の命運を掌握できるのである。

（自軍が）進んで（敵が）防御できないのは、敵の虚を衝くからである。（自軍が）退いて（敵が）追撃できないのは、迅速で追いつけないからである。そのためこちらが戦おうと思えば、敵が土塁を高くし塹壕を深くしても、こちらと戦わざるをえないのは、敵の必ず救わなければならないところを攻めるためである。こちらが戦わないと思えば、地に境界線を引いて守（る程度であ）っても、敵がこちらと戦えないのは、（利害を示し疑わせることで）敵が（本来）行く道と違わせるためである。

そのため敵に形を現させて自軍に形がなければ、自軍は（戦力を）集中させて敵は分散し、自軍は（戦力を）集中して一となり、敵は分散して十になる、これにより（自軍の）十（の戦力）によって敵の一（の戦力）を攻めることになる。そうであれば自軍は多数で敵は少数なので、多数（の軍勢）により少数（の軍勢）を攻撃すれば、自軍と戦うのは、少ない軍勢である。（形がないので）自軍が（敵と）戦う地は（敵が）知ることはできない。（地を）知ることができなければ、敵が（自軍に）備える場所は多数で、敵の備える場所が多数であれば、自軍と戦う（敵の）兵は少数である。このため（敵は）前方に備えれば後方が手薄になり、後方に備えれば前方が手薄になり、左に備えれば右が手薄になり、右に備えれば左が手薄になる。備えるところがなければ、（防御が）手薄になることはない。（兵が）少数なのは、敵に備える者である。（兵が）多数なのは敵に自軍に対して備えさせる者である。

さて戦いの地を知り、戦いの日を知れば、千里であっても会戦できる。戦いの地を知らず、戦いの日を知らなければ、(陣の)左は右を救えず、右は左を救えず、前方は後方を救えず、後方は前方を救えない。ましてや(陣の端から端で)遠いものは数十里、近いものでも数里はある(ためどうしてそれを救援できようか)。呉が戦いの日と地をはかれば、越の兵が多いとはいえ、どうして(越が)勝利することができよう。そのため、(勝ちは知ることができるが、)敵にも備えがあるので)勝ちをなすことはできないのである。敵が多いといっても、(戦いの地と日をはかり、戦力を分散させ自軍は)戦闘させないようにすべきなのである。

そこで敵について策略をめぐらし得失の計を知り、敵に(力を)加えて動静の理を知り、敵の形を現させて死生の地を知り、敵をはかって充実と不足のところを知る。

そのため軍の形を現すことの極致は、無形にある。無形であれば熟練の間者も(形を)窺えず、智者でもはかれない。(自軍の無形の)形によって勝ちを兵に見せても、兵は知ることができない。人はみな自軍が勝った(相手の)形は(現れているので)知っているが、自軍が勝利を制した形を(無形であるので)知る者はいない。そのため敵に勝つのに二度(同じ形で勝つこと)はなく、形は(敵に応じて)限りなく対応する。

そもそも軍の形は水に似ている。水の形は、高いところを避けて低いところに行き、軍の形は、実を避けて虚を攻撃する。水は地により流れを定め、兵は敵により勝ちを定める。そのため軍には常なる勢はなく、水には常なる形はない。敵に応じて変化し勝ちを取れるものは、これを神という。そのため五行には常に勝つものはなく、四時には常なる季節がなく、日には長短があり、月には盈ち虧けがあるのである（そのように軍の勢と形は、常に敵に応じて変化する）。

軍争篇第七

孫子がいう、およそ兵を用いる方法で、将が命令を君主から受け、軍をあわせ兵を集め（部隊を編制して陣営を起こし）、（自軍と敵軍が）対峙して宿営するまでに、（先に有利な地点を占め、勝ちを争う）軍争よりも難しいものはない。軍争の難しさは、（敵軍に自軍が）遠くにあるように見せて（道程を）近くし、（敵軍に自軍が）憂患があるように見せて（油断させて）利とすることにある。そのため（自軍が遠くにあるように見せて）敵軍の道を遠くし、敵軍を利で誘い、敵軍に遅れて出撃して、敵軍よりも先に（戦地に）到着する。これが遠近の計を知る者である。

そのため（よい）軍争は利となり、（よくない）軍争は危となる。軍をこぞって（戦地の）利を争えば、（遅れて）間に合わない。軍（の一部）を棄てて（戦地の）利を争えば、（遅れる）

輜重が棄て置かれる。そのため鎧を巻きあげて走り、昼夜も（休息のために）止まらず、速度と道程を倍にして、百里を行軍して（戦地の）利を争えば、（上軍・中軍・下軍の）三（軍の）将軍は敵に捕らえられる。強壮な者は先に行き、疲弊した者は遅れ、到着する比率は十分の一となる。五十里を行軍して（戦地の）利を争えば、上軍の将軍を捕らえられ、到着する比率は半数となる。三十里を行軍して（戦地の）利を争えば、三分の二が到着する。このため軍に輜重がなければ滅び、食糧がなければ滅び、財貨がなければ滅ぶ。

さて諸侯で謀略を知らない者は、交戦することができない。山林・険阻・沼沢の形を知らない者は、行軍できない。道案内を用い（軍が拠るところと山川の形を知ら）ない者は、地の利を得ることができない。

そのため軍隊は詐術により成り立ち、（自軍の）利によって動き、（敵により）分散集合して変化するものである。そのため（敵の空虚なところを討つ）兵の速いことは風のようで、兵の整っていることは林のようで（敵に利を見せず）、（敵をはやく）侵略することは火のようで、（守り）動かないことは山のようで、知られにくいことは陰のようで、動くことは雷のようである。（敵の）郷里を掠めて兵を分散させ、戦地を広げて敵の利を分散させ（奪い）、敵を（兵や利を）はかって動き、先に遠近の計を知る者は勝つ。これが軍争の法である。

軍政には、「言っても聞こえないので、鐘や太鼓を用いる。示しても見えないので、旌旗を用いる」とある。そもそも鐘や太鼓と旌旗というものは、兵の耳目を集めて一つにするためのものである。兵がすでに一つになれば、勇敢な者も勝手に進撃できず、怯懦な者も勝手に退却できない。これが兵を用いる法である。そのため夜戦では火や太鼓を多くし、昼戦では旌旗を多く用いるのは、兵の耳目（の受け取りやすさ）を変えるためである。

そのため三軍も士気を奪うことができ、将軍も心を奪うことができる。そのため兵の朝の士気は鋭敏であり、昼の士気は怠惰であり、夕の士気は尽きる。そのためよく兵を用いる者は、朝の鋭敏なる士気を避け、昼や夕の士気が怠惰になり尽きたところを攻撃する。これが士気をうまく利用する者である。治まった状態で乱れた状態を待ち、静かな状態でけたたましい状態を待つ。これが心をうまく利用する者である。近いところで遠い敵を待ち、安んじた状態で疲労した敵を待ち、兵糧が十分な状態で敵の飢餓を待つ。これが力をうまく利用する者である。整った旗の敵を迎え撃つことなく、大きな敵陣を攻撃してはならない。これが変をうまく利用する者である。

そのため用兵の法は、高い丘には向かってはならない。丘を背にした（敵を）迎撃してはならない。（敵の）偽りの敗走に従って（追撃しようとして）はならない。（敵の）鋭敏なる兵卒を攻撃してはならない。（敵の）陽動の兵に食らいついてはならない。（自国へ）帰ろうとする敵軍〔帰師〕を遮ってはならない。敵軍を包囲するには必ず（敵が生きる路を示すため包囲を）欠き、窮地にたった敵には迫ってはならない。これが兵を用いる法である。

九変篇第八

孫子がいう、およそ兵を用いる方法は、将が命令を君主から受け、軍をあわせ兵を集める（そののち部隊を編制して陣営を起こす）。圮地〔水浸しの地〕では宿ることなく、衢地〔四方に通じた地〕では（諸侯と）盟約し、絶地〔活路のない地〕では留まることなく、囲地〔山に囲まれた地〕であれば謀略を発し、死地〔撤退できない地〕であれば死戦する。

道には経由しないところがあり、軍には攻撃しないところがあり、城には攻撃しないところがあり、地には争奪しないところがあり、君命には受諾しないところがある。（そのため）将で九変の利に通じている者は、兵の用い方を知っている。将で九変の利に通じていない者は、地形を知っていても、地の利を得ることができない。兵を統治していて九変の術を知らなければ、五利を知っていても、人の用〔兵の働き〕を得ることができない。そのため智者の配慮は、必ず利害を交え、利に交えて（害を知れば）務めを述べ行うことができ、害に交えて（利を知れば）憂いを解くことができる。

さて諸侯を屈服させるには害により、諸侯を煩わせるには事業により、諸侯を飛びつかせるには利による。そのため兵を用いる方法は、敵が来ないことをあてにせず、自軍（に敵を迎え撃つ用意があること）をあてにして敵を待つのである。敵が攻撃しないことをあてにせず、自軍（に攻めて来られない状況があること）をあてにして（敵が）攻撃できない状態にするのである。

このため将には五危（ごき）がある。（将が）必死であれば殺すことができ、必ず生きようとすれば捕虜にすることができ、短気であれば侮（あなど）るべきで、清廉潔白であれば陵辱（りょうじょく）すべきで、民草を愛する将は（民を痛めつけて）煩わすことができる。これらの五つは、将の過ちであり、兵を用いる災いである。軍を全滅させ将を殺すのは、必ず五危による。察しなければならない。

行軍篇（こうぐんへん）第九

孫子はいう、およそ軍を置いて敵に向かうには、山をわたるには（水や草に近い）谷により、（山の）南（面）に沿って高いところにおり、（自軍は）高い場所で戦い（より高い場所にいる敵を迎撃するために）登ることはない、これが山にいる軍（の戦い方）である。川を渡れば必ず川から遠ざかり（敵を引きつけ）、敵が川を渡って来たら、川の中で迎撃せず、（敵に川を）半分ほど渡らせてからこれを攻撃すると（敵は勢をあわせられず、戦いに）利がある。戦いたいと思うものは、川に近づいて敵を迎撃することなく、（後方の山の）南（面）に沿って高いところにいれば、川の流れを（自軍に）注がれることはない。これが川のほとりにいる軍（の戦い方）である。（低湿地である）斥沢をわたるには、ただ速やかに立ち去り留まることがないようにする。もし兵を低湿地で交えれば、必ず水草の近くで、木々を背にする。これが低湿地にいる軍（の戦い方）である。平地では平坦な場所におり、高い土地を右にして背とし、（低い土地である）死を前にして（高い土地である）生を後にする。これが平地にいる軍である。およそこの四つの（地の）軍の利は、黄帝が四帝に勝った理由である。

およそ軍は高所を好み低所を嫌い、陽〔南〕を優先し陰〔北〕を後にする。（それにより）生を養い高い場所におり、軍にあらゆる弊害がない、これを必ず勝つという。丘陵や堤防では、必ずその南におり、それを右にし背にする。これが兵の利であり、地の助けである。（川の）上流に雨がふり、水泡が流れてくれば、（川を）渡ろうとする者は、それが落ち着くまで待つ。

およそ地に（深い渓谷である）絶澗・（四方が高く水がたまる）天井・（深山の道で籠のような）天牢・（網で人を閉ざすような）天羅・（陥没した窪地の）天陥・（谷の狭い道の）天隙（という六害の地）があれば、必ず速やかにこれらの地から去り、近づいてはならない。自軍はこれらの地より遠ざかり、敵はこれらの地に近づかせる。自軍はこれらに向かい、敵はこれらの地を背にさせる。

軍のそばに険阻〔高低が入り乱れた地〕・潢井〔池〕・蒹葭〔草の多い地〕・林木〔木の多い地〕・蘙薈〔覆い隠せる地〕がある場合は、必ず慎重にそれを探索しなければならない。ここは伏兵が隠れる場所だからである。

敵が近くて動かないのは、その地が険阻であることに頼っているからである。遠くから戦いを挑んでくる者は、相手が進むことを求めているのである。布陣している地が平坦なのは、利があるためである。

多くの木が揺れ動くのは、（敵が）来るのである。多くの草が障害となっているのは、（敵が来ていると）疑わせるのである。鳥が（真上に）飛び立つのは、（その下に）伏兵がいるのである。獣が驚いているのは、（敵が陣を広げ自軍を）包囲するのである。砂塵が高く激しく舞い上がるのは、戦車が来たのである。（砂塵が）低く広いのは、歩兵が来たのである。散在して筋のように（砂塵が）あがるのは、木を伐採しているのである。（砂塵が）少なく往来しているのは、陣を造営しているのである。

（敵の使者の）言葉が遜って（いながら、一方で）軍備を増やしているのは、進軍するのである。言葉が強気であり進撃してくるのは（脅しているのであり、こののち）、退却するのである。軽車が先に出て、部隊の側にいるのは、陣を布いているのである。（人質を伴う）盟約もなく和平を請うのは、謀略である。走りまわって兵を並べているのは、期（機会）を窺っているのである。半分進み半分退くのは、誘っているのである。

杖をついて立っているのは、飢えているのである。（水を）汲んで先に飲むのは、渇いているのである。利を見て進まないのは、（士卒が）疲弊しているのである。鳥が集まるのは、（そこに軍がなく）空虚なのである。夜に叫ぶのは、恐れているのである。

軍が乱れているのは、将に威厳がないのである。旗が動くのは、（規律が）乱れているのである。軍吏が怒っているのは、（兵が）嫌になっているのである。馬を殺してその肉を食べているのは、軍に兵糧がないのである。炊具を懸けてその兵舎に帰還しないのは、（食べ物に）窮して略奪に出るのである。（仲間と）ひそひそと語り失望して、ひそかに人と話しているのは、（将が）兵卒（の心）を失っているためである。頻繁に褒賞を与えるのは、行き詰まったのである。頻繁に罰則を与えるのは、困惑しているのである。先に（敵を軽んじて）激しかったのに後に敵が大軍であることを恐れているのは、不明の至りである。（敵が）やってきて贈り物をしてわびるのは、休もうとしているのである。兵が怒って立ち向かってきたのに、久しく合戦もせず、また退却もしなければ、（奇兵・伏兵がないか）必ず慎重に調べてみる。

兵は（謀略により力を等しくするので）ますます多いことを尊重するわけではない。ただ武だけで進むことはなく、力をあわせて敵（の戦力）を理解すれば、（馬飼いですら）敵を破ることができる。そもそも深謀遠慮もなく敵を侮るものは、必ず敵に捕らえられる。

兵卒がまだ将に親しんでいないのに罰を行えば、服従しない。服従しなければ用いることは難しい。兵卒がすでに親しんでいるのに罰を行わなければ、（兵卒は驕って怠惰となり）用いることができない。そのため兵卒に命令を行うには仁恩を用い、兵卒を整えるには軍法を用いる。これを必ず勝つ（軍である）という。命令が平素より行われていて民草を教化すれば、民草は服従する。命令が平素より行われておらずに民草を教化すれば、民草は服従しない。命令が平素から行われるのは、（将が兵になる）民草と信じあっているためである。

地形篇第十

孫子はいう、地形には（四方に達する）通という地があり、（険阻で互いの勢力圏が交錯する）掛という地があり、（険阻な地に挟まれた狭隘な地である）支という地があり、（二つの山あいを通る谷間である）隘という地があり、（山川や丘陵である）険という地があり、（互いに遠い平らな陸地である）遠という地がある。自軍が行くことができ、敵も来ることができる地は、通という。通の地形では、（自軍が）先に高い南向きの地におり、糧道を確保して戦えば、（自軍に）利がある。（自軍が）行くことができ、帰りにくい地は、掛という。掛の地形では、敵の備えがなければ、そこに出て敵に勝つ。敵にもし備えがあれば、出ても勝てず、帰りにくく、（自軍に）利がない。自軍が出ても利がなく、敵が出ても利がない地は、支という。支の地形では、敵が自軍に利をくわせても、自軍から出てはならない。（軍を）引いて支の地より退き、敵を半分ほど出させてこれを討てば、（自軍に）利がある。隘の地形では、自軍が先に（その地に）いれば、必ずその地に（自軍の兵を）満たして敵を待つ。もし敵が先にこの地におり、（敵が兵を）満たしていれば追って（攻めて）はならない。（敵が兵を）満たしていなければ追って（攻めに）いく。険の地形では、自軍が先にこの地にいれば、必ず高く南向きの地におり敵を待つ。もし敵が先にこの地にいれば、兵を引いてこの地から退き、追ってはならない。遠の地形では、（自軍と敵の）勢が等しければ、敵を引き入れにくく、戦っても利がない。およそこの六つの地への対応は、地の道〔原則〕である。将の最高任務であり、十分に考えなければならない。

　このため軍隊には走るというものがあり、弛むというものがあり、陥るというものがあり、崩れるというものがあり、乱れるというものがあり、北げるというものがある。およそこの六者は、天地の災いではなく、将の誤りによ（りおこ）る。そもそも（自軍と敵の）勢が等しく、一（の戦力）で十（の戦力）を攻撃するものは、〔戦力をはかっていないので〕走る〔かなわずに逃走する〕という。兵卒が強くとも軍吏が弱いものは、〔軍吏が兵卒を統率できず〕弛む〔統制が取れずにたるむ〕という。軍吏が強くとも兵卒が弱いものは、〔軍吏が進撃するたびに兵卒がついてこられず〕陥る〔無理をして危険に陥る〕という。小将が（大将に）怒られて心服せず、敵に遭遇すれば（大将に）怨みを持って独断で戦い、大将が小将の（怒りにまかせ敵の戦力の軽重をはからないという）能力を把握していないのは、崩れる〔軍勢が崩壊する〕という。将が軟弱で威厳がなく、（軍の）綱紀が明確ではなく、軍吏と兵卒に常態がなく、軍の布陣が不統一なのは、乱れる〔軍紀が紊乱する〕という。将が敵の戦力をはかれず、無勢で多勢と合戦し、弱兵で強兵を攻撃し、兵に精鋭がいないものは、北げる〔弱体で敗北する〕という。およそこの六者は、（戦っても）敗れる道〔原則〕である。将の最高任務であり、十分に考えなければならない。

そもそも地形というものは、軍の助けである。敵をはかって勝ちを制するのに、（地形の）険しさと平坦さ（距離の）遠近をはかるのは、すぐれた将の道である。地形を知って戦いに用いる者は、必ず勝つ。地形を知り戦いに用いない者は、必ず敗れる。このため戦いの原則で必ず勝てれば、君主が戦ってはならぬと言っても、必ず戦ってよい。戦の原則で勝てなければ、君主が必ず戦えと言っても、戦わなくてよい。そのため進撃して名声を求めず、撤退して罪を恐れず、ただ民だけを保ち、君主に利とする将は、国の宝である。

（将が）兵卒を大切にすることは赤子のようにする、そのため兵卒たちと深い谷に行くことができる。（将が）兵卒の面倒を見ることは愛するわが子のようにする、そのため兵卒と共に死ぬことができる。愛して命令できず、大切にして使わず、乱れて統率できないのは、たとえば驕った子のように、用いることができない。

自軍の兵卒が攻撃すべき（状況にある）ことを知り、敵が攻撃すべき（状況）ではないことを知らないのは、勝利の（可能性は）半分で（まだ勝敗が分からない状態で）ある。敵が攻撃すべき（状況にある）ことを知り、自軍の兵卒が攻撃すべき（状況）ではないことを知らないのは、勝利の（可能性は）半分で（まだ勝敗が分からない状態で）ある。敵が攻撃すべき（状況にある）ことを知り、自軍の兵卒が攻撃すべき（状況にある）ことを知っていても、地形が戦うべきではない（状況である）ことを知らないのは、勝利の（可能性は）半分で（まだ勝敗が分からない状態で）ある。そのため（それらの条件を理解する）兵を知る者は、（兵を）動かして迷わず、（兵を）挙げて困窮しない。そのため、「敵を知り己を知れば、勝利はようやく危うくなくなる。天を知り地を知れば、勝利はようやく十全となる」というのである。

九地篇第十一

孫子はいう、兵を用いる（地形の）原則には、散地があり、軽地があり、争地があり、交地があり、衢地があり、重地があり、圮地があり、囲地があり、死地がある。諸侯が自らの地で戦う地は、（兵が逃散しやすい）散地である。敵国に侵入しても深く進軍していない地は、（兵が自国に帰りやすい）軽地である。自軍が（その地を）得ても利があり、敵が（その地を）得ても利がある地は、（少数で多勢に勝ち、弱兵で強兵を攻撃できる）争地である。自軍が進むことができ、敵軍が来ることができる地は、（道が互いに入り乱れる）交地である。諸侯の地が隣接し、先に至れば（隣接する諸侯の助けを得て）天下の兵を得られる地は、衢地である。敵国に深く侵入し、多くの城市を背にする地は、（帰りにくい）重地である。山林・険阻（な地）・沼沢地など、おしなべて行軍しにくい道の地は、（堅固な地が少ない）圮地である。（そこへの）入り口が狭く、（そこからの）帰路が遠回りで、敵が少なくとも自軍の多勢を攻撃できる地は、囲地である。迅速に戦えば生き残り、迅速に戦わなければ亡びるという地は、（前方には高い山があり、背後に大きな川があり、軍を進めても進められず、退いても障害がある）死地である。

このため散地では戦わず、軽地では留まらず、争地では攻めず（に先に着き）、交地では（軍を）分断させず、衢地では（まわりの諸侯と）交わりを結び、重地では侵掠して（兵糧を蓄積し）、圮地では（留まらずに）行き、囲地では（奇兵と）謀略をめぐらし、死地では（死を覚悟して）戦う。

古のよく兵を用いる者は、敵に対して、前軍と後軍とを連携できないようにし、多数の部隊と少数の部隊とを助けあえないようにし、身分の高い者と低い者とを救援できないようにし、地位の高いものと低い者とを協力できないようにする。（こうすれば、敵の）兵は離れて集まれず、兵をあわせても統御できない。（さらに分散させるため敵の兵を動かす際、敵の兵は）利に合えば動き、利に合わなければ止まる。

（ある人が）あえてお尋ねします、「敵が多く統制が取れていて（こちらに）来ようとしていたら、どう対処しましょう」と言った。それには、「まず（地の利のような）敵の頼りとするものを奪えば、（こちらの）思うとおりになるであろう。（その際に）戦い方は迅速を旨とし、敵の準備が間に合わないことに乗じ、（敵の）予測しない方法により、敵の警戒していないところを攻めるのである」と言った。

およそ他国へ侵攻する軍の原則は、（敵国に）深く侵入すれば（兵は戦いに）専念するので、敵は勝てない。豊かな田野を掠奪すれば、三軍ですら食糧を充足できる。（兵を）大切に養い疲弊させず、士気と力をあわせ蓄え、用兵の計略は、（敵が）予測できないものにする。こうした兵を退路なき地に投入すれば、死んでも敗走しない。（兵が）死ぬ気になってどうして得られないものがあろうか、将士も力を尽くそう。兵はたいへん（な危機）に陥ると（戦意を集中させて）懼れなくなり、撤退するところがなければ（戦意は）確固たるものになり、（敵国に）深く侵入すれば（心は戦うことに）専一になり、（追い詰められ）やむをえなければ（死ぬ気で）戦うのである。このために、こうした兵は修練せずとも警戒し、（将が）要求せずとも（自らすべきことを）理解し、統制せずとも（緊密に）親しみ、命令せずとも信従する。（怪しげな）まじないの言を禁じて、疑惑（の計略）を捨て去れば、死に至るまで心を動揺させない。自軍の兵に（物を焼いて）余分な財産がないのは、財貨（の多いこと）を嫌っているわけではない。余命がないのは、長生きを嫌っているわけではない（やむをえないのである）。（決戦の）軍令が発布された日、兵の座っているものは涙が襟をぬらし、横になっている者は涙が首を伝う（のは必ず死ぬと推しはかるためである）。こうした兵を退路なきところに投入すれば、専諸や曹劌のような勇を持つ。

そのためよく兵を用いる者は、譬えれば率然のようなものである。率然というものは、常山の蛇である。その頭を攻撃すれば、尻尾が向かって来て、その尻尾を攻撃すれば、頭が向かって来て、中央を攻撃すれば、頭と尻尾が共に向かってくる。（ある人が）あえてお尋ねします、「軍は率然のようになれるでしょうか」と。「なれる」と言った。かの呉人と越人とは互いに憎んでいるが、その船を共にして（川を）渡るにあたって暴風に遭えば、お互いに助けあうことは左右の手のようである。このために、馬を縛って（戦車の）車輪を（動けないように）埋めて（専守防衛に努めて）も、頼りにできない。（兵が）等しく勇敢で一体となるのは、（上手な）軍政の方法による。（兵の）強弱（に拘らず）みな勝つのは、（強弱の勢を生かす）九地の理法による。そのためよく兵を用いる者が、あたかも手を取って（多くの兵を）一人を使うようにするのは、やむをえず戦うようにさせるからである。

将軍の職務は、静かで奥深く、平正であることにより治まる。（将軍は）士卒の耳目を誤らせ、（戦いの始まりを）士卒に知られないようにする。その軍事行動を変えても、その謀略を改めても、人に知られないようにする。その居所を変えても、進軍の道を迂遠にしても、人に考えられないようにする。（兵を）率いて命令を与えるときには、（あたかも）高所に上らせてそのはしごを取り去るようにする。（兵を）率いて深く（他国に侵入し）、諸侯の地に入って（その攻撃を）開始するときには、（あたかも）羊の群れを追い立て、追い立てて進ませ、追い立てて来させ（兵の心を一つにしながら）、どこに行くのかを知ることのないようにする。（こうして）三軍の兵衆を集め、これを難地に投入する。これが将軍の職務である。九地の変化や、（兵の勢を）溜めるときと開放するときの利害や、（利を見て進み、害にあって退くという）人情の理は、理解しなければならないものである。

およそ他国へ侵攻する軍の原則は、（敵国に）深く侵入すれば（兵は戦いに）専念し、（侵入が）浅ければ（兵は）散じて（国に）帰る。自国を出て国境を越えて出兵した地は、絶地である。四方に通じている地は、衢地である。深く（侵入した）地は、重地である。浅く（侵入した）地は、軽地である。堅固な地を背にし狭隘な地を前にするのは、囲地である。進むところがない地は、死地である。

そのため散地ではわたしは兵の志を一つにしよう。軽地ではわたしは軍を続かせよう。争地ではわたしは（地の利が前にあるのだがそこを狙っていることを敵に覚られないように）敵より遅れて（兵を）進ませよう。交地ではわたしは軍の守備を厳格にしよう。衢地ではわたしは諸侯との結束を固くしよう。重地ではわたしは（敵から奪って）軍の兵糧を絶やさないようにしよう。圮地ではわたしはそこの道を（早く過ぎるように）進もう。囲地ではわたしは（敵がわざと）包囲を空けた部分を塞ぐ（ことで、自軍の兵の逃げ場所をなくす）ことにしよう。死地ではわたしは兵に活路のないことを示そう。

そのため軍隊の状況は、包囲されれば（兵が互いに持ちこたえあって）防御し、（勢として兵は）やむをえなければ戦い、あまりに（困難が）甚だしければ、（兵は計に）従うのである。

このため諸侯で謀略を知らない者は、交戦することができない。山林・険阻・沼沢の形を知らない者は、行軍できない。道案内を用い（軍が拠るところと山川の形を知ら）ない者は、地の利を得ることができない。四五（九地の利害）というものは一つですら知らなければ、覇王の兵ではない。そもそも覇王の兵は、大国を討伐すれば（討伐された国は）兵衆を集めることができない。威勢が敵に加えられれば、敵は（他国と）交わりを結ぶことはできない。そのため（覇王は）天下の外交を（諸侯と）争わず、天下の（諸侯の）権力を養わさせず、自分の思うとおりを述べ（て自然とそのとおりになり）、威勢を敵に加える。そのため敵の城を攻略でき、敵の国を陥落させられる。

　軍法にない賞を与え、軍政にない令を出せば、三軍という衆兵を用いることが、一人を使うかのようになる。衆兵を用いるには（なすべき）事（を伝えるだけ）により、（なぜ戦うのかを説明する）言葉を告げてはならない。衆兵を用いるには利により、害を告げてはならない。兵を亡地に投入してそののちに存し、兵を死地に陥れてそののちに生きる。そもそも衆兵は窮地に立たされて、はじめて勝敗を決することができるのである。

　このため兵を治めるのは、敵の意志を愚かにして従わせることにある。（自軍の空虚なところを示し）敵軍をまとめて一つに向かわせれば、千里（の彼方）でも敵将を殺す（ことができる）。これを巧みに戦争に勝つという。

　そのため宣戦布告の日には、関門を閉め（通行手形の）割符を折り、敵国の使者の通行を禁じ、廟堂に（臣下は）参集して、戦略を練る。敵が（隙を見せて）門を開ければ、必ず急いでそこに入る。敵が重視する地を先に（奪取）して、（敵より遅れて出撃し、先に戦地に至るため）ひそかに（敵と）近づき、原則どおりに敵に対応し（ながらも常なく）、戦争のことを決する。そのため（戦う際には）始めは（自軍を弱く見せるため）処女のようにすれば、敵は隙を見せる。その後は脱兎のように（迅速に攻撃）すれば、敵が防いでも及ばない。

火攻篇第十二

孫子がいう、およそ火攻めには五つの方法がある。一つは火人〔人を焼く〕、二つは火積〔蓄えを焼く〕、三つめに火輜〔輜重を焼く〕、四つめに火庫〔倉庫を焼く〕、五つめに火隊〔部隊を焼く〕である。

火攻めには必ず（姦人の内応などの）要因があり、煙や火には必ず焼くものがある。火を放つには（適する）時があり、火を起こすには（適する）日がある。時というのは、天気が乾燥しているときである。日というのは、月が箕宿・壁宿・翼宿・軫宿にあるときである。すべてこの四宿（に月がある）というものは、風が起こる日である。

およそ火攻めは、（火人・火積・火輜・火庫・火隊という）五つの火攻めの変化によって事態に対応する。火が（敵の陣営の）内部から発生したら、素早くこれに外部から（兵により）呼応する。火が発生しても敵の兵が静かである場合には、（敵の動きを）待って（こちらから）攻撃してはならない。その火力が極限になってから、（敵の状況を見て）攻撃できれば攻撃し、攻撃できなければ止め（て撤退す）る。火を外部より放つことができれば、（敵陣の）内部（に火が起こるの）を待つことなく、時を見て火を放つ。火が風上から起これば、（不利なので）風下から攻めてはならない。昼は風が長く吹き、夜は風が止む。およそ軍は必ず五つの火攻めの変化を知って、原則を守り火攻めを行うべきである。

火によって攻撃を助ける者は（勝利を得ることが）明らかであり、水によって攻撃を助ける者は強い。水は（敵の糧道と敵軍の連携を）断絶できるが、（蓄えた兵糧を）奪うことはできない。

そもそも戦って勝ち、攻めて（敵地を）取っても、その功績に賞を（適切な時に）与えないのは凶事である。（これを）名づけて費留（ひりゅう）という。そのため、賢明な君主はこれに心がけ、良将はこれをきちんとする。

利がなければ（軍を）動かさず、得るものがなければ（兵を）用いず、危険でなければ戦わない（やむをえずに兵を用いるのである）。君主は怒りにより軍を興してはならず、将は恨みにより戦いを行ってはならない。利にかなえば動き、利にかなわなければ止める（自分の喜怒により兵を用いないのである）。怒りはまた喜ぶことができ、恨みはまた悦ぶことができるが、亡国は再び存在できず、死者は再び生き返らない。そのため明君は戦争を慎重にし、良将は戦争を戒める。これが国を安寧にし軍を保全する原則である。

用間篇第十三

孫子がいう、およそ十万の軍勢を動かし、千里の彼方に遠征すれば、民草の出費、国の支出は、一日に千金を費やし、（国の）内外は騒がしく、（遠征のために疲弊して）道路に怠け、農事を行えない者は、七十万家にのぼる。（自軍と敵軍とが）互いに守ること数年になり、一日の勝利を争おうというのに、それなのに爵禄や百金を惜しみ、敵情を知らない者は、不仁の極みである。人の将の器ではない。君主の輔佐ではない。勝ちを主導する者でもない。そのため明君や賢将が、動けば敵に勝ち、功績を衆人より突出して挙げる理由は、先知〔先に敵情を知ること〕にある。先知というものは、鬼神によって求められない。他の事からは類推できない。計算では求められない。必ず人（の働き）より得て、敵の状況を知るのである。

さて間諜を用いる方法には五種類がある。郷間があり、内間があり、反間があり、死間とがない、これを神紀という。人君の至宝である。郷間というものは、その郷里の人を間諜に用いる。内間というものは、敵の官吏を間諜に用いる。反間というものは、敵の間諜を（寝返らせて）用いる。死間というものは、偽りごとを外でつくり出し、味方の間諜にそれを知らせ、敵の間諜に伝えさせる。生間というものは、（敵地より）帰還して報告する。

三軍についてのことで、（将は）間諜ほど親しいものはなく、褒賞は間諜ほど手厚いものはなく、仕事として間諜ほど秘密なものはない。聖智でなければ間諜を用いられず、仁義でなければ間諜を使えず、密やかでなければ間諜の実を得ることができない。微妙であるかな、微妙であるかな、（どのような状況でも）間諜を用いないことはない。間諜の得た事情が明らかになっていないのに先に漏らせば、間諜とそれを聞いた者とをみな殺す。

およそ軍が攻撃しようとしているところ、（敵の）城で攻めようとしているところ、人で殺そうとしているところは、必ず先にまずその守将・（その）側近・謁者・門者・舎人の姓名を知る（必要がある）。自軍の間諜により必ず探らせてそれを知る。必ず敵の間諜が来て（我が軍の状況を）諜報している者を探し、そしてこれに利を与え、誘導して（こちらにいるよう）留める、こうして反間を用いられるようになる。この反間により敵情を知ることで、郷間・内間を使うことができるようになる。反間により敵情を知ることで、死間は虚偽の事をつくりあげ、敵に知らせることができる。反間により敵情を知ることで、生間を予定のとおりに（活動し、生きて帰るように）させることができる。五間の（もたらす）情報は、君主は必ずこれを知る。敵情を知るには必ず反間（をつくれるか）による、そのため反間は厚遇しなければならない。

むかし殷が興ったとき、伊尹は夏に（おり、情勢を探って）いた。周が興ったとき、呂尚は殷に（おり、情勢を探って）いた。明君や賢将は、上智な者を間とすることで、必ずや大いなる功績を成し遂げる。これが兵法の要であり、三軍は（間の情報に）依拠して動いているのである。

さらに深く知りたい人のために

訳　書

・金谷治『孫臏兵法』(東方書店、一九七六年)
『孫臏兵法』の全訳。解題(本の説明部分)にも重要な指摘が含まれる。

・浅野裕一『孫子』(講談社学術文庫、一九九七年)
「銀雀山漢簡」に基づく『孫子』の全訳。篇ごとの解説も貴重である。

・渡邉義浩(主編)『全譯魏武注孫子』(汲古書院、二〇二三年刊行予定)
魏武注『孫子』の全訳。最古の注である曹操の解釈に従って、『孫子』を全訳した。

一般書

・平田昌司『孫子 解答のない兵法』(岩波書店、二〇〇九年)
『孫子』の成立過程、日本での普及、海外への影響など、『孫子』に関わる様々な情報を得ることができる『孫子』に関する最もすぐれた一般書。

・渡邉義浩『三国志 演義から正史、そして史実へ』(中公新書、二〇一一年)

『孫子』に注をつけた曹操が基礎を築いた曹魏、劉備を諸葛亮が助けた蜀漢、孫権を周瑜が助けた孫呉の三国をめぐる史実と物語を解説した一般書。

研究書

・佐藤堅司『孫子の思想史的研究』(風間書房、一九六二年)
・李零『《孫子》古本研究』(北京大学出版社、一九九五年)
・湯浅邦弘『中国古代軍事思想史の研究』(研文出版、一九九九年)
・李零『《孫子》十三篇綜合研究』(中華書局、二〇〇六年)
・湯浅邦弘『戦いの神 中国古代兵学の展開』(研文出版、二〇〇七年)

あとがき

二〇一九年、中公新書から『漢帝国』を出版した。漢帝国の通史なのであるが、後半は儒教が中心となった。後漢「儒教国家」の基礎を築いた光武帝は、功臣を粛清せず、軍備縮小を行った。そうした中で、後漢の儒者である許慎は、最初の漢字字典である『説文解字』に、『春秋左氏伝』を引用して、「戈を止めることで武という文字は表現される」と「武」の字を説明した。

後漢は、軍事を等閑視したわけではない。とくにチベット系の羌族との戦いは厳しく、西域への入り口である敦煌を含む涼州を放棄しようとする議論も、朝廷ではたびたび主張された。曹操の軍事的なセンスは、羌族との戦いに名を馳せた西北列将との交流に起源する。

武とは戈を止めることである、という思想が、主流であった理由を知りたいと思った。そこで、軍事思想の中核である『孫子』を読み、さらに遡って『墨子』や儒家の反戦思想を検討していった。そうした中で、曹操を知るためにも、曹操の注に基づいて『孫子』を読むことを始めていった。

今年に入り、ロシア政府によるウクライナ侵攻が始まった。『孫子』を読んでいる身としては、ロシア政府の戦術に『孫子』にそぐわない部分が多いことに気づいた。案の定、侵攻は進んでいない。『孫子』が見抜いていた戦争の本質、戦争への哲学、組織論などが、今なお生命を失っていないことを強く感じた。

前著の『漢帝国』の刊行された後に、『孫子』の執筆依頼をいただいていた。しかし、結局、魏武注『孫子』の全訳が終わるまで、完成することはできなかった。本文中でも少し述べたが、先秦文献を読んでいくことは容易ではない。曹操なりの『孫子』解釈を理解するまでは、それなりの時間を必要とした。お断りしたとおり、附章の現代語訳も含めて、本書の『孫子』はあくまで曹操の解釈を中心としている。他の注釈書やテキストに基づき、本書と異なる『孫子』の像を結ぶことはもちろん可能である。結果的に時間が掛かり、その間ひたすら原稿を待ち続けていただいた、中公新書編集長の田中正敏氏に感謝を捧げたい。

二〇二二年五月八日　ロシア政府のウクライナ侵攻に心を痛めながら

渡邉義浩

渡邉義浩（わたなべ・よしひろ）

1962（昭和37）年，東京都生まれ．筑波大学大学院博士課程歴史・人類学研究科修了．文学博士．大東文化大学文学部教授を経て，現在，早稲田大学常任理事・文学学術院教授．大隈記念早稲田佐賀学園理事長．専門は「古典中国」．三国志学会事務局長．

著書『後漢国家の支配と儒教』雄山閣出版，1995年
『三国政権の構造と「名士」』汲古書院，2004年
『儒教と中国――「二千年の正統思想」の起源』講談社選書メチエ，2010年
『三国志――演義から正史、そして史実へ』中公新書，2011年
『魏志倭人伝の謎を解く――三国志から見る邪馬台国』中公新書，2012年
『王莽――改革者の孤独』大修館書店，2012年
『三国志よりみた邪馬台国』汲古書院，2016年
『漢帝国――400年の興亡』中公新書，2019年
『全譯後漢書』全19冊，主編，汲古書院，2001～16年
など多数．

孫子（そんし）――「兵法（へいほう）の真髄（しんずい）」を読（よ）む
中公新書 2728

2022年11月25日発行

著　者　渡邉義浩
発行者　安部順一

本文印刷　暁印刷
カバー印刷　大熊整美堂
製　本　小泉製本

発行所　中央公論新社
〒100-8152
東京都千代田区大手町1-7-1
電話　販売 03-5299-1730
　　　編集 03-5299-1830
URL https://www.chuko.co.jp/

Published by CHUOKORON-SHINSHA, INC.
Printed in Japan　ISBN978-4-12-102728-3 C1222

中公新書刊行のことば

一九六二年一一月

いまからちょうど五世紀まえ、グーテンベルクが近代印刷術を発明したとき、書物の大量生産は潜在的可能性を獲得し、いまからちょうど一世紀まえ、世界のおもな文明国で義務教育制度が採用されたとき、書物の大量需要の潜在性が形成された。この二つの潜在性がはげしく現実化したのが現代である。

いまや、書物によって視野を拡大し、変りゆく世界に豊かに対応しようとする強い要求を私たちは抑えることができない。この要求にこたえる義務を、今日の書物は背負っている。だが、その義務は、たんに専門的知識の通俗化をはかることによって果たされるものでもなく、通俗的好奇心にうったえて、いたずらに発行部数の巨大さを誇ることによって果たされるものでもない。現代を真摯に生きようとする読者に、真に知るに価いする知識だけを選びだして提供すること、これが中公新書の最大の目標である。

私たちは、知識として錯覚しているものによってしばしば動かされ、裏切られる。私たちは、作為によってあたえられた知識のうえに生きることがあまりに多く、ゆるぎない事実を通して思索することがあまりにすくない。中公新書が、その一貫した特色として自らに課すものは、この事実のみの持つ無条件の説得力を発揮させることである。現代にあらたな意味を投げかけるべく待機している過去の歴史的事実もまた、中公新書によって数多く発掘されるであろう。

中公新書は、現代を自らの眼で見つめようとする、逞しい知的な読者の活力となることを欲している。

哲学・思想

中公新書 世界史

e1

- 2683 人類の起源 篠田謙一
- 1353 物語 中国の歴史 寺田隆信
- 2392 中国の論理 岡本隆司
- 7 宦官（改版） 三田村泰助
- 15 科挙 宮崎市定
- 12 史記 貝塚茂樹
- 2099 三国志 渡邉義浩
- 2669 古代中国の24時間 柿沼陽平
- 2303 殷―中国史最古の王朝 落合淳思
- 2396 周―理想化された古代王朝 佐藤信弥
- 2542 漢帝国―400年の興亡 渡邉義浩
- 2667 南北朝時代―五胡十六国から隋の統一まで 会田大輔
- 1812 西太后 加藤徹
- 2030 上海 榎本泰子
- 1144 台湾 伊藤潔

- 2581 台湾の歴史と文化 大東和重
- 925 物語 韓国史 金両基
- 1367 物語 フィリピンの歴史 鈴木静夫
- 1372 物語 ヴェトナムの歴史 小倉貞男
- 2208 物語 シンガポールの歴史 岩崎育夫
- 1913 物語 タイの歴史 柿崎一郎
- 2249 物語 ビルマの歴史 根本敬
- 1551 海の帝国 白石隆
- 2518 オスマン帝国 小笠原弘幸
- 2323 文明の誕生 小林登志子
- 2523 古代オリエントの神々 小林登志子
- 1818 シュメル―人類最古の文明 小林登志子
- 1977 シュメル神話の世界 岡田明子 小林登志子
- 2613 古代メソポタミア全史 小林登志子
- 2661 アケメネス朝ペルシア―史上初の世界帝国 阿部拓児
- 1594 物語 中東の歴史 牟田口義郎
- 2496 物語 アラビアの歴史 蔀勇造

- 1931 物語 イスラエルの歴史 高橋正男
- 2067 物語 エルサレムの歴史 笈川博一
- 2205 聖書考古学 長谷川修一
- 2647 高地文明 山本紀夫
- 2253 禁欲のヨーロッパ 佐藤彰一
- 2409 贖罪のヨーロッパ 佐藤彰一
- 2467 剣と清貧のヨーロッパ 佐藤彰一
- 2516 宣教のヨーロッパ 佐藤彰一
- 2567 歴史探究のヨーロッパ 佐藤彰一
- 2727 古代オリエント全史 小林登志子
- 2728 孫子―「兵法の真髄」を読む 渡邉義浩